Hinrik Schulte

Das Depron-Buch

Modelle, Bautipps, Fliegen

Das Depron-Buch

Modelle, Bautipps, Fliegen

Hinrik Schulte

vth Verlag für Technik und Handwerk GmbH
Baden-Baden

vth-Fachbuch
Best.-Nr.: 310 2141

Redaktion: Peter Hebbeker
Lektorat: Dr. Frank Kind

Bibliografische Information der Deutschen Nationalbibliothek
Die Deutsche Nationalbibliothek verzeichnet diese Publikation in der Deutschen Nationalbibliografie; detaillierte bibliografische Daten sind im Internet über http://dnb.d-nb.de abrufbar.

ISBN 978-3-88180-741-8

Postfach 22 74, 76492 Baden-Baden

Printed in Germany
Druck: WAZ-Druck, Duisburg

Inhaltsverzeichnis

Einleitung

Noch vor drei oder vier Jahren war Depron als Baumaterial in Modellbaukreisen kaum bekannt und wurde von den Modellbauern, die es kannten, zumeist nur belächelt. Daraus baut man „Spielzeugflieger", mit denen man langweilige Runden in der Halle oder im Garten drehen kann. Richtige Modellflugzeuge sind aus GFK oder vielleicht noch aus Holz, aber sicher nicht aus einem weichen und leichten Schaummaterial, das eigentlich für die Wärmeisolierung gedacht ist.

Das hat sich ohne Frage geändert, und das ist gut so. Mittlerweile ist dieser Grundstoff aus einigen Modellflugzeugklassen gar nicht mehr wegzudenken, und einige Kategorien gäbe es ohne diesen preiswerten Werkstoff wohl überhaupt nicht. Die Indoor-Flieger schwören geradezu darauf, und in diesem Bereich haben Balsaholz und Kiefernleisten eigentlich kaum noch etwas zu suchen. Gleichzeitig werden die Depronmodelle immer mehr „erwachsen"; man baut inzwischen auch die meisten so genannten Parkflyer aus Depronplatten. Und das ist wohl noch lange nicht die Grenze, es geht immer noch ein Stück größer und schöner.

„Schöner" ist das andere Stichwort. Waren die Depronmodelle in der Anfangszeit fast reine „Wegwerfflieger" mit einer Lebensdauer, die eher in Wochen als in Monaten gemessen wurde, so sind sie mittlerweile oft zu echten Schmuckstücken avanciert, in die viel Zeit und Mühe fließt. Auch in dieser Hinsicht haben sich die Depronmodelle also in den vergangenen Jahren weiterentwickelt.

Interessanterweise wird Depron gleichermaßen von der Modellbauindustrie wie von Modellbauern, die sich ein Modell nach ei-

Piper Cherokee von Graupner – man muss einem Modell nicht immer auf den ersten Blick ansehen, dass es aus Depron gebaut ist.

genen Vorstellungen bauen, genutzt. Die industriell gefertigten Modelle sind dabei häufig aufwendig gemacht und haben Rümpfe und Flächen, die perfekt tiefgezogen sind. Das ergibt dann mit der richtigen Lackierung ein nahezu perfektes Flugbild.

Viele dieser Techniken stehen dem einfachen Bastler nicht zur Verfügung, aber mit etwas Geschick und Einsatz muss das kein Problem sein, denn Depron verlangt keine großartige Werkstatt, und je nachdem, an welches Modell man sich heranwagt, ist man früher oder später in der Lage, den Erstflug vorzunehmen.

Dieses Buch beschäftigt sich sowohl mit dem Bau von Depronmodellen als auch mit der Handhabung solcher Modelle. Es werden Bausatzmodelle vorgestellt und auch geflogen, der Schwerpunkt liegt aber auf dem Selbstbau von Modellen. Nach der Vermittlung der Grundlagen geht es etwas ausführlicher um verschiedene Methoden für Konstruktion und Bau eines eigenen Depronmodells, denn diese Aufgabe ist, zumindest für den Autor, immer noch mit das Schönste rund um diese Materie.

Theoretische Ansätze wollen wir dabei so weit wie möglich links liegen lassen und uns den Problemen, besser: den Herausforderungen, die uns die einzelnen Modelle aufgeben, lieber von der praktischen Seite nähern.

Für den Autor wäre es eine große Genugtuung, wenn Sie als Leser nach der Lektüre dieses Buches, vielleicht ja auch schon währenddessen, dem Drang, in Ihrem Bastelraum ein eigenes Depronmodell zu bauen, nicht mehr widerstehen könnten. Es macht einfach großen Spaß, mit diesem Werkstoff zu bauen, und bei den Materialpreisen kann man es riskieren, auch einfach einmal so „drauflos“ zu bauen, um sich von dem Ergebnis überraschen zu lassen.

Hinrik Schulte

Die Monsoon ist mit ihrem voll profilierten Flügel ein „erwachsenes“ Depron-Kunstflugmodell

Depron – was ist das und wo bekommt man es?

Die Antwort auf die Frage, was Depron überhaupt sei, hängt von der Perspektive ab, die man einnimmt. Für den einen ist Depron bloß ein Isolationsmaterial, für den anderen ist es der ideale Grundstoff für Flugmodelle. Wie so oft liegt die Wahrheit in der Mitte.

Es muss vorausgeschickt werden, dass „Depron" eigentlich ein Handels- oder Markenname ist. Aber so wie „Tempo" als Markenname heute ganz allgemein ein Papiertaschentuch bezeichnet, so hat sich der Markenname „Depron" im Modellbau für ein Plattenmaterial aus extrudiertem Leichtschaum etabliert. Eigentlich ist es also egal, ob wir über Depron, Selitron oder Schäferplatten reden, es ist immer das Gleiche gemeint und deshalb wollen wir im Weiteren auch nur noch über Depron reden, selbst wenn wir alle diese Materialien meinen.

Das echte Depron erkennen wir an dem grünen „Depron"-Schriftzug, der sich über die Mitte der Platte zieht, während die anderen Materialien keine Kennzeichnung auf der Platte aufweisen. Dem Autor ist Original-„Depron" nur in den Plattenstärken 3 mm und 6 mm bekannt, während es andere Handelsprodukte auch in den Stärken 4, 5 und 7 mm gibt. Grundsätzlich handelt es sich um feinporig geschäumte und extrudierte, also gezogene Platten, die sich im Gegensatz zu anderen Materialien nicht aufrollen lassen. Selitac zum Beispiel gibt es auch auf Rollen, aber dabei handelt es sich um Trittschalldämmungsmaterial für Parkett- oder Lami-

Das typische Depronmodell: ein Doppeldecker für Indoor-Kunstflug. Das Depron-Weiß wurde gekonnt mit einem Airbrush-Finish überdeckt.

natfußböden, nicht um Wandisolationsplatten. Die sehr elastischen Materialien muss man gesondert betrachten.

Die Feinporigkeit von Depron unterscheidet es auch von Baustyropor und ähnlichen Werkstoffen, die deutlich bröseliger sind. Dafür gibt es Depron dann auch nicht in Blöcken, aus denen man komplette Formen schneiden könnte. Depronplatten werden meistens in einer Breite von 80 cm und einer Länge von 250 cm geliefert, wobei die Platte einmal gefaltet wird und dann noch 125 cm Länge aufweist.

Depron – Werkstoff für Modellbauer?

Welche Gründe sprechen für die Verwendung von Depron im Flugmodellbau? – Gute Frage, schließlich gab es vor der Entdeckung von Depron schon 70 Jahre Modellflug und niemand hat Depron so richtig vermisst. In 25 Jahren Elektroflug hat der Autor sicherlich schon einen halben Balsabaum und auch eine kleine Kiefer in Leistenform zum Fliegen gebracht.

Daneben kann man noch Glas- und Kohlefasern als moderne Materialien zusammen mit Epoxydharz in die Luft schicken, und mit etwas Nachdenken fallen uns etliche andere Werkstoffe ein, die sich für die Verwendung in Flugmodellen eignen. Trotzdem hat Depron schnell seinen festen Platz in der Werkstatt gefunden und macht sich seitdem dort richtig breit. Einer der ersten Gründe ist natürlich der Preis: 2,50–3,00 € für eine halbe Doppelplatte, also für 125 mm × 80 cm Depron entsprechen dem Preis für ein 3-mm-Balsabrett mit nur einem Zehntel der Fläche. Und unsere Depronplatte reicht schon für einen kleinen Parkflyer oder einen Indoor-Kunstflugdoppeldecker!

Dazu kommt, dass man Depron mit einfachen Werkzeugen bearbeiten kann, ohne viel Staub und Sägespäne zu erzeugen. Im Prinzip kann man sich die Teile für das Flugmodell schnell einmal auf der Platte anzeichnen und an einem Fernsehabend mit dem Messer ausschneiden. All das nimmt nicht allzu viel von der immer knapp bemessenen Freizeit in Anspruch.

Ein weiterer Punkt ist die Gleichmäßigkeit des Materials. Holz ist ein Naturwerkstoff und Balsabrett noch lange nicht gleich Balsabrett. Da spielt die Materialauswahl eine große Rolle, während sich eine Depronplatte so gut wie gar nicht von der anderen unterscheidet. Auch das kann man gar nicht hoch genug bewerten. Schließlich gibt es einen großen Vorteil bei der Oberfläche, denn Depron ist erst einmal schön glatt und weiß, und das ist die beste Grundlage für ein rasch aufgetragenes Finish. Langwieriges Schleifen, Grundieren und Lackieren entfällt ebenso wie das Bespannen mit Papier oder Bügelfolie, wobei Letztere im Übrigen bei vielen Model-

Original-Depron erkennt man am grünen Schriftzug. Wenn er stört, kann man ihn mit Spiritus abreiben. Aber bitte vor dem Lackieren, denn nachher wird es schwierig.

len teurer ist als das komplette Depron für ein gleichartiges Modell.

Viele dieser Punkte gelten natürlich nur für den Vergleich mit einem aus Holz gebauten Modell, denn der Bau von Modellen aus GFK ist noch um einiges komplizierter, teurer und langwieriger, besonders wenn man den Formenbau mit einkalkuliert. Einfacher, schneller und preiswerter als mit Depron kann man, glaube ich, kein Flugmodell bauen, wobei es natürlich auch hier Grenzen gibt.

Die eine Grenze wird erreicht, wenn das Modell mit einem Verbrennungsmotor angetrieben wird, denn Modellkraftstoff enthält nun einmal Substanzen, die Depron auflösen. Da ist dann fast nichts zu machen. Eine andere Grenze gibt es nach Auffassung des Autors dort, wo eine hohe aerodynamische Qualität der Oberfläche verlangt wird, sprich bei den Modellsegelflugzeugen. Die natürliche Rauheit der Depron-Oberfläche ist bei relativ langsam fliegenden Motormaschinen durchaus positiv, aber bei einem Leistungssegler kommt man an einer GFK-Oberfläche wohl nicht vorbei. Freilich, damit können wir Depron-Freaks sicher leben und freuen uns stattdessen, dass unser Material so gut für die anderen Aufgaben geeignet ist.

So sieht Depron im Malergeschäft oder Baumarkt aus.

Depron und der Fachhandel

Genug der Worte, lasst uns endlich Taten sehen! Bevor wir allerdings zur Tat schreiten können, brauchen wir erst einmal den Rohstoff. Aber wo finden wir ihn?

Um Depronplatten zu kaufen, ist der Gang zum Modellbauhändler des Vertrauens zumeist verschwendete Zeit, denn Depron gehört nicht zum normalen Sortiment des Modellbauhandels. Auf der Suche nach Depron sind Baumärkte und Tapetenfachgeschäfte unser Revier, wobei man da nicht den Fehler machen sollte, sich allzu sehr auf den Namen Depron zu fixieren, denn das ist nun einmal nur ein Handelsname unter vielen. Die Frage: „Haben Sie Depron?", wird dann schon einmal ganz richtig vom Verkäufer verneint, auch wenn er reichlich von einem ähnlichen Material auf Lager hat.

Mehr Erfolg stellt sich da ein, wenn man die ursprüngliche Verwendung des Materials beschreibt. Die richtige Frage lautet also: „Haben Sie Plattenmaterial zur nachträglichen Isolierung von Wänden ?" Danach kann man immer noch beschreiben, wie die Platten aussehen sollen, und der Begriff „Untertapete" hilft dem Fachverkäufer häufig auch ganz gut auf die Sprünge und setzt ihn auf die richtige Fährte.

Die Erfahrung hat übrigens gezeigt, dass man Original-Depron häufig im kleinen Tapetenfachgeschäft besser bekommt als im großen Baumarkt, aus welchem Grund auch immer. Daher lohnt es sich oft, wenn der eigene Materialvorrat einmal knapp geworden ist, unter dem Stichwort „Tapeten" die Gelben Seiten des Telefonbuchs durchzusehen und bei den dort aufgeführten Händlern telefonisch nach Depron zu fragen.

Nach dem Bearbeiten entstehen diese kleinen Kunstwerke wie die beiden Ryans von Hilmar Lange.

Ein anderer Tipp sind Fachgeschäfte für den Architekturbedarf, da Architekten ab und zu Depron für ihre Architekturmodelle verwenden.

Das ist doch „uncool“: im Telefonbuch nachsehen oder persönlich die Fachgeschäfte in der Umgebung abklappern! Das sagen zumindest die modernen Menschen und verweisen auf das Internet. Im Prinzip ist dagegen nichts einzuwenden, aber Depronplatten sind nun einmal nicht gerade der ideale Artikel für den Postversand. Viel Volumen und wenig Wert und dazu noch die Notwendigkeit, die Platten gut zu verpacken, damit die Ecken sich nicht abstoßen, so lauten die Argumente gegen den Postversand. Daher sind Internetshops, die Depron versenden, nicht gerade dicht gesäht. Unter www.high-torque.de versendet die Firma Causemann halbe Platten zum ganzen Preis. Dafür ist es dann auch das Original mit dem grünen Schriftzug. Die Max-Bahr-Baumärkte bieten unter „www.max-bahr.de“ Selitron-Platten in voller Größe an. In beiden Fällen ist das Vergnügen aber nicht mehr ganz so billig, denn der Aufwand für Verpackung und Versand ist nun mal groß.

Deshalb lohnt es sich vielleicht eben doch, es einmal auf die altmodische Weise zu versuchen. Wie schon erwähnt, je kleiner der Tapetenhändler, desto besser die Chancen.

Im Prinzip sind die Handelsnamen der Platten Schall und Rauch und die Unterschiede zwischen Depron, Selitron, Saarpor oder Schäfer-Deckenplatten, um nur einige zu erwähnen, minimal. Aber auf eines muss denn doch geachtet werden: Teilweise werden die Platten schon bei der Herstellung mit einem Klebeverstärker, Haftbrücke genannt, für die

Dank der Firma Graupner kann man mittlerweile im Modellbaufachhandel auch eingefärbtes Depron kaufen. Damit sind bunte Depronmodelle ohne einen einzigen Pinselstrich möglich.

darauf zu klebenden Tapeten geliefert. Dieses Material ist für uns Modellbauer unbrauchbar, da einfach zu schwer.

Aber der Modellbaufachhandel hat gerade im Jahr 2005 Depron zwar spät, doch nicht zu spät als Rohmaterial erkannt. Marktführer Graupner bietet seit dem Neuheitenkatalog 2005 auch Depron in 3 und 6 mm Plattenstärke an, wobei die Platten mit 900 mm × 400 mm leider nicht das übliche Normmaß haben. Immerhin, als „Zuckerl“ gibt es dafür auch eingefärbtes Depron zu kaufen – in 3 mm Stärke derzeit nur in Weiß und Rot, aber in 6 mm Stärke auch in Schwarz, Gelb und Blau.

Die Depronplatte

Nun haben wir also unser Schätzchen auf dem Baubrett und können uns schon auf künftige Modelle freuen. Die Originalplatte ist 250 cm lang, 80 cm breit und hat eine Stärke von

Wenn es kein Original-Depron gibt, ist das Material oft auch unter anderem Namen, hier zum Beispiel als „Thermoplan“, im Handel zu finden.

3 oder 6 mm. Das ist ein satter Quadratmeter Material, mit dem sich die wildesten Fliegerträume erfüllen lassen. Um die Platte besser handhaben zu können, ist sie herstellerseitig schon in der Mitte angeschnitten und umgeklappt, so dass wir auf eine nutzbare Länge von 125 cm kommen.

Das typische Gewicht einer 3-mm-Depronplatte beträgt übrigens 120 g/m² und die 6-mm-Platte ist 240 g/m² schwer. Über den grünen Schriftzug in der Mitte haben wir schon gesprochen. Obwohl er etwas störend ist, sollten wir ihn zunächst einmal dort belassen und erst kurz vor dem Lackieren entfernen. Im Moment hilft uns der Aufdruck noch bei der Orientierung auf der Platte, aber spätestens vor dem Lackieren muss er endgültig verschwinden, da er sich mit Farbe kaum überdecken lässt. Am besten lässt sich der Schriftzug mit etwas Spiritus und einem Lappen entfernen.

Unsere Depronplatten kommen im Prinzip als Endlosmaterial aus einer riesigen Maschine, daher hat Depron, ebenso wie seine Namensvettern, unterschiedliche Biegeeigenschaften, je nachdem in welche Richtung man das Material biegen will. Der Unterschied ist längst nicht so ausgeprägt wie zum Beispiel bei Balsaholz, aber er sollte doch nicht ganz außer Acht gelassen werden, und gerade beim Zuschneiden der Teile sollte man darauf achten. Beim Thema Biegen werden wir darauf zurückkommen.

Wer einmal vom Depron-Virus befallen ist, für den gibt es kaum etwas Schöneres als eine jungfräuliche Platte und ein Messer, um mal eben auf die Schnelle ein neues Flugmodell zu zaubern.

Das Werkzeug

Kaum ein Material im Modellbau lässt sich so gut und einfach bearbeiten wie Depron, aber einige wenige Werkzeuge braucht man doch, um aus einer einfachen Platte ein gut fliegendes Modell zu bauen. Keine Angst, nichts Teures und nichts Kompliziertes wird hier empfohlen, aber ganz ohne ein Arbeitsgerät geht es eben auch nicht, und gutes Werkzeug war schon immer die erste Grundlage für guten Modellbau.

Den weitaus größten Teil der Arbeit mit Depron wird der „normale" Modellbauer – und um den soll es hier ausschließlich gehen – mit einem Messer erledigen. Depron lässt sich mit einem scharfen Messer hervorragend und sehr sauber schneiden. Die Betonung liegt dabei auf dem Wort „scharf", denn das ist das A und O für eine erfolgreiche Bauphase.

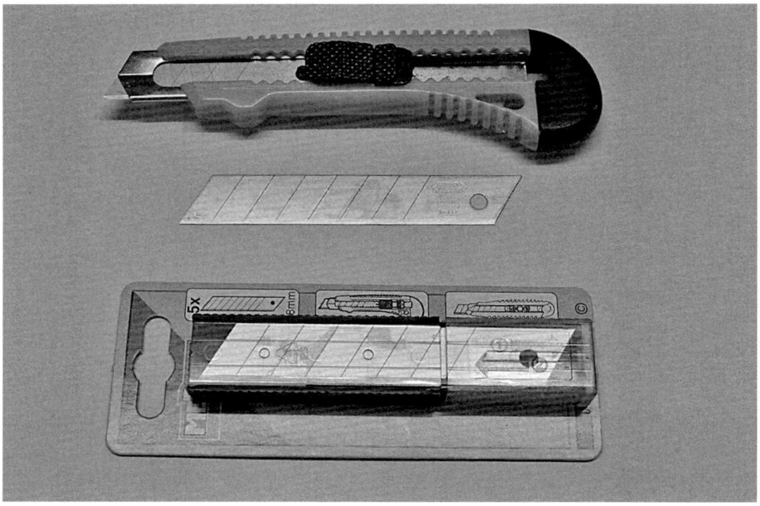

Das wichtigste Werkzeug zur Bearbeitung von Depron ist ein Abbrechklingenmesser. Die Klingen gibt es zum Glück auch im Nachfüllpack, denn der Verschleiß ist nicht zu unterschätzen.

Der Autor benutzt für die meisten Schnitte ein einfaches Abbrechklingenmesser aus dem Baumarkt. An das Messer selbst werden dabei keine besonderen Anforderungen gestellt, aber ich habe es mir zur Angewohnheit gemacht, für jedes neue Modell auch eine neue Klinge in das Messer zu stecken. Das klingt nach Verschwendung, doch es ist wirklich sinnvoll, und so teuer sind die Ersatzklingen nun auch nicht. Da ist es viel ärgerlicher, wenn man ein Bauteil nur deshalb ruiniert hat, weil sich das Material an einem stumpfen Messer aufgeschoben hat. Dann kostet es Zeit und Material, um das Teil noch einmal anzufertigen.

Auch wenn Depron ein relativ weiches Material ist, so verschleißt es doch sehr schnell die Messerklingen, und wenn die Klinge nach einem kompletten Modell für Depron nicht mehr wirklich geeignet ist, kann man sie nachher doch noch sehr gut für alle anderen Zwecke benutzen. Aber eben nicht mehr für Depron!

Die Abbrechmesser mit den großen, 17 mm breiten Klingen eignen sich am besten für lange, gerade Schnitte oder große Radien. Mit den kleinen Messern kann man schon engere Kurven schneiden, und für ganz enge Radien eignen sich Einwegskalpelle recht gut. Der Autor kennt aber auch Modellbauer, welche die besten Erfahrungen im Schneiden von Depron mit Mutters Kartoffelschälmesser gemacht haben, weil das so gut in der Hand liegt. Allerdings sollte man dann nicht gerade ein Messer aussuchen, das schon den Kartoffelverbrauch der letzten sieben Jahre für eine zwölfköpfige Familie hinter sich hat, es sei denn, es wurde gerade frisch geschärft und der Wetzstein bleibt auch weiterhin in der Nähe.

Wie gesagt, es ist egal, welches Messer man verwendet, Hauptsache, es ist richtig schön scharf. Und je enger der Radius ist, desto kürzer muss die Klinge sein.

Gerade Schnitte macht man am besten entlang eines Lineals oder einer Metallschiene. Die drückt dann noch zusätzlich auf die Oberseite des Deprons und verhindert dort ein Reißen. Damit sind wir dann auch schon bei dem zweitwichtigsten Werkzeug in einer Flugwerft für Depronmodelle angelangt. Eine Sammlung von Linealen, oder besser noch von Stahl- oder Aluminumschienen in unterschiedlichen Längen, ist ein wahrer Schatz für den ambitionierten Modellbauer.

Im Baumarkt bekommt man sehr schöne Stahllineale mit 30 mm Breite und einer Länge von 300–1.000 mm, die eine Millimetereinteilung fest aufgedruckt haben. Gerade wenn man ohne Plan und ohne Schablonen baut, ist es sehr wichtig, die richtige Länge des

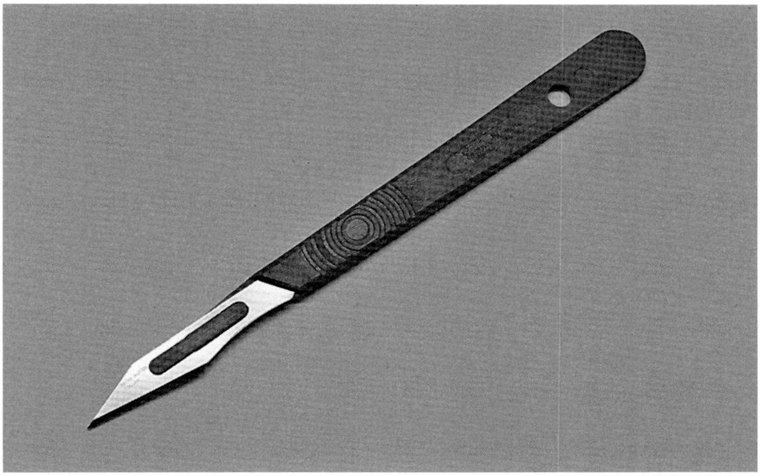

Für feine Arbeiten und enge Schnittradien empfehlen sich Einwegskalpelle.

Schnitts immer vor Augen zu haben. Leider haben diese Lineale aber einen recht hohen Preis, besonders in den großen Längen. Da kann man sich wohl erst einmal mit einem kurzen 300-mm-Lineal behelfen und auf Weihnachten oder den nächsten Geburtstag hoffen, um zu einem Lineal mit 500 oder gar 1.000 mm Länge zu kommen. Das kurze Lineal ist dann noch lange nicht verschwendet, denn es wird sich rasch zeigen, dass die langen Lineale für kurze Schnitte viel zu unpraktisch sind.

Zu den Linealen kommt beim Autor dann noch ein Geo-Dreieck aus dem Schulbedarf. Damit lassen sich kurze Stücke schneiden, man kann Parallelen aufzeichnen, Winkel messen bzw. übertragen und rechte Winkel anzeichnen. Auch hier gibt es im Handel zwei Normgrößen, aber bei den dafür üblichen Preisen kann man es sich durchaus erlauben, beide Größen anzuschaffen.

Messer, Lineale und Geodreiecke sind also die wichtigsten Werkzeuge. Bohrer und Bohrmaschinen dagegen sind bei Depron eigentlich kaum nötig. Große Löcher von über 10 mm Durchmesser muss man mit dem Skalpell ausschneiden, und für die kleineren reicht eine Schlüsselfeile oder sogar ein Kreuzschlitzschraubendreher, den man gefühlvoll durch das Material stößt. Das klingt grob, funktioniert aber sehr gut, und das Resultat ist meistens besser als mit einem Bohrer, der schnell reißt.

Werkzeug braucht es also wirklich nicht viel, wenn man mit dem Depronmodellbau beginnen will. Aber am Anfang gibt es oft noch das eine oder andere Malheur, weil die Übung im Umgang mit dem Material fehlt. Das saubere Schneiden und besonders die richtige Handhabung des Messers sind etwas Übungssache, doch dann funktioniert es wirklich gut. Für das erste Eigenbaumodell sollte man daher ruhig eine Platte mehr einkaufen, um Übungsmaterial zu haben. Damit der Materialverbrauch aber nicht ins Unendliche steigt, folgen hier noch einige Tipps.

Depron richtig bearbeiten

Bearbeitungstipps für Depron

Depron schneiden

Fangen wir mit dem Schneiden an, denn das Schneiden ist nun einmal die häufigste Methode, um Depronplatten für ein Modell passend zu machen.

Beim Schneiden ist es wichtig, dass die obere wie die untere Schicht der Depronplatte – wir reden da höchstens von einem Zehntelmillimeter – zuverlässig geschnitten werden, denn diese Schichten sind etwas härter als der Bereich in der Mitte. Unser Messer muss also bis in die Spitze scharf sein und sollte in einem flachen Winkel von 15–20 Grad durch das Material gezogen werden. Schon beim Ansetzen müssen beide Schichten durchschnitten (!) werden, danach wird das Messer langsam, doch mit stetigem Druck auf die Unterlage durch das Material gezogen. Dabei immer darauf achten, dass das Messer schneidet und nicht reißt! Ist das Messer zu stumpf, beginnt es, hässliche Dreiecke in das Depron zu reißen, die das Modell unsauber aussehen lassen. Auf die Flugeigenschaften hat das sicher keinen Einfluss, aber ein Modell soll doch ordentlich aussehen, auch wenn es „nur“ aus Depron ist.

Meistens beginnt das Depron übrigens auf der Plattenunterseite zu reißen, was besonders gemein ist, da dies beim Schneiden häufig unbemerkt bleibt. Dann ist es an der Zeit, beim

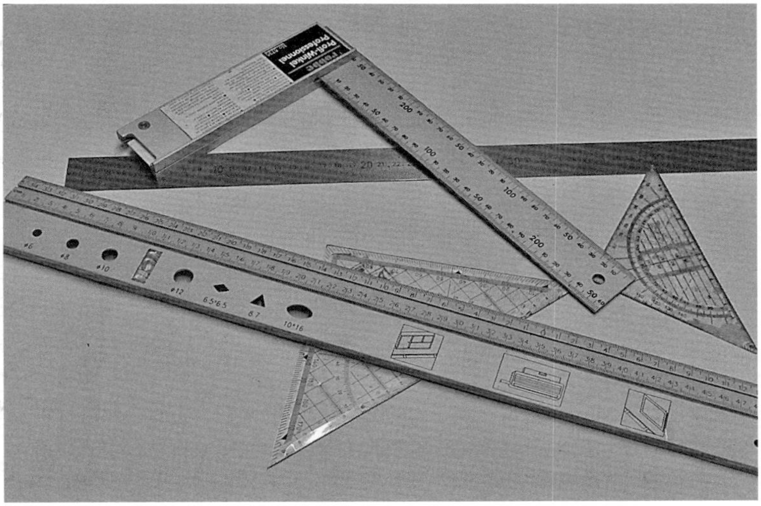

Lineale, Winkel und Geodreiecke sind nach den Messern die wichtigsten Werkzeuge, um aus Depron Flugmodelle zu bauen.

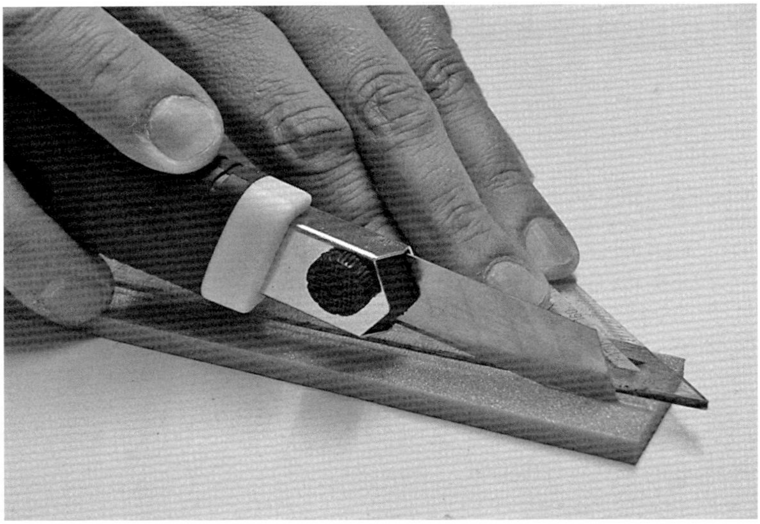

Beim Schneiden immer die Klinge sehr flach halten, dann erhält man einen sauberen Schnitt, sogar bei 6-mm-Depron – jedenfalls solange das Messer scharf ist.

Abbrechklingenmesser wieder einen Teil zu entfernen, um eine scharfe Spitze zu erhalten. Wenn man ein Einreißen bemerkt, sofort das Messer anhalten, auf Schärfe prüfen und dann von der anderen Seite her noch einmal schneiden! So kann man vielleicht größeren Schaden verhindern und das Werkstück noch retten.

3–4 mm starkes Depron lässt sich in einem Zug schneiden, und auch 6-mm-Depron kann man, mit der nötigen Übung, mit einem einzelnen Schnitt trennen, aber man kann auch mit zwei Schnitten arbeiten, das ist eine Sache der persönlichen Erfahrung. Das gilt besonders für freihändige Schnitte entlang von Kurven. Hier ist es oft besser, das Depron beim ersten Mal nur ca. 1–2 mm tief einzuschneiden und es dann mit einem zweiten Schnitt ganz zu durchtrennen. Wenn möglich sollte man auch erst einmal das Material grob zuschneiden, wobei an den runden Kanten nur ein bis zwei Millimeter zu viel sein sollten. Danach kann man dann die endgültige Kontur schneiden. Dann biegt sich das überschüssige Material sauber weg und es schiebt sich nichts auf.

Ohne es auszusprechen, haben wir bislang über senkrechte Schnitte gesprochen, denn um die geht es in den meisten Fällen. Damit die Schnittkanten auch rechtwinklig sind, sollte man sich sein Augenmaß vorher eichen lassen oder an Abfallstücken üben. Zuverlässige Werkzeuge, die einen senkrechten Schnitt durch Depron garantieren, sind dem Autor leider nicht bekannt. Aber keine Sorge, das senkrechte Schneiden ist auch nur eine Frage der Übung. Noch etwas mehr Übung und Fingerspitzengefühl sind notwendig, wenn es um schräge Schnitte geht. Die brauchen wir hauptsächlich bei den Rudern, die mit Tesafilm-Scharnieren befestigt werden, aber auch für die Falze bei gefalteten Rümpfen und bei Flächen aus Depronplatten. Glücklicherweise handelt es sich dabei fast immer um gerade Kanten, die entlang von Linealen oder Schienen geschnitten werden können.

Der Trick liegt nun darin, dass man einmal an der Schnittkante abschneidet und dann die Schiene noch einmal um ca. 4–6 mm weiter nach hinten zieht. Jetzt kann man mit der Klinge schräg ansetzen und schneiden. Dabei sollte die Spitze der Klinge noch etwas vor der Platte zu sehen sein. Dann ist sichergestellt, dass die Schnittkante gerade bleibt. Auch hier ist Routine durch nichts zu ersetzen. Also ruhig einige Male an einem Abfallstück üben! Mit etwas, wirklich nur etwas Übung geht das nachher fast automatisch und man kann sich

Gerade Schnitte sollte man immer entlang eines Lineals machen. Freihändig gelingen sie nur selten.

an das Meisterstück wagen, bei dem Leitwerk und Ruder aus einem V-förmig eingeschnittenen Stück mit etwas Depron als Scharnier bestehen. Hierzu wird die Scharnierkante nur angezeichnet und dann von beiden Seiten im 45-Grad-Winkel und mit 3–5 mm Abstand zur Linie geschnitten, ohne das Material ganz zu durchtrennen. Die beiden Schnitte treffen sich dann, hoffentlich, ca. 1 mm über der Unterkante des Materials und man kann einen keilförmigen Streifen entnehmen. Offen gestanden, das gelingt beim Autor auch nicht immer und die Scharnierkante hält so auch nur eine begrenzte Anzahl von Ruderausschlägen aus. Deshalb kommt bei meinen Modellen auf die Oberseite des Leitwerks über die Scharnierkante ein Streifen Tesa, und ich versuche dann so zu schneiden, dass die Ruder leicht laufen, aber das Tesa nicht durchschnitten ist. Das klappt eigentlich fast immer, und die so mit Scharnieren versehenen Ruder sind trotzdem präzise und leichtgängig.

Wenn wir für die senkrechten Schnitte schon ein scharfes Messer brauchten, dann gilt das erst recht für die schrägen Schnitte. Hier kann man nur mit einem neuen oder wenig benutzten Messer gute Resultate erreichen.

Biegen

Es ist durchaus möglich, ein komplettes Flugmodell aus nicht gebogenen Depronplatten herzustellen. Die allseits bekannten Shockflyer sind das beste Beispiel dafür, und es ist auch nichts gegen solche Modelle einzuwenden. Allerdings wirkt ein so gebautes Modell oft ein bisschen „kastenförmig“, und so kommt man schnell an den Punkt, an dem die Deproneile gern auch etwas gebogen sein dürfen.

Am schnellsten gelangt man dahin bei einem Rechteckrumpf, dessen Rumpfboden über die Länge des Rumpfs durchgebogen ist und dessen Seitenteile eine leichte Krümmung aufweisen. Hier ist die Faserrichtung des Deprons eigentlich völlig unwichtig, denn der Biegeradius ist doch sehr groß. Bei einem leicht gebogenen Rumpfrücken, wie zum Beispiel beim Udet Flamingo, dagegen sollte man schon die Faserrichtung längs zur Biegerichtung wählen. Bei noch engeren Radien würde man das Depron allerdings auch bei korrekter Ausrichtung durchbrechen.

Dem kann man entgegenwirken, indem man das Material vor dem Aufkleben schon einmal vorbehandelt. Am besten geht das über einer runden Kante, zum Beispiel der Vorderkante einer Küchenarbeitsplatte. Dort

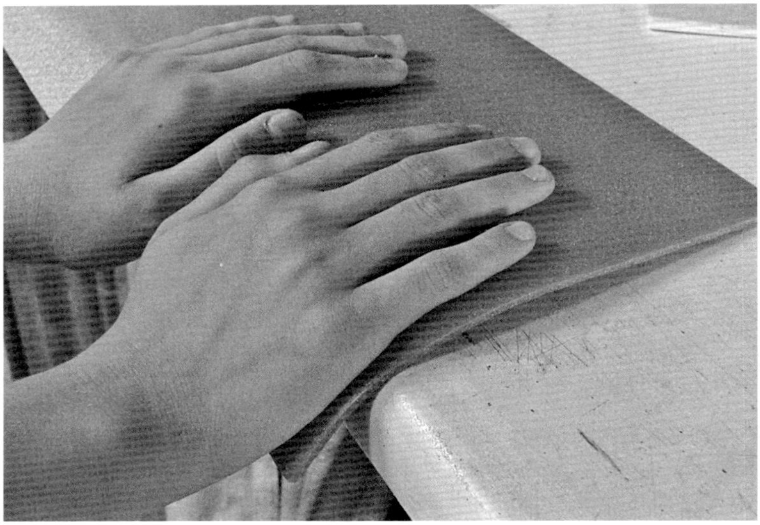

Das Biegen von Depron gelingt am besten mit der flachen Hand über einer gerundeten Kante. Eine Küchenarbeitsplatte ist fast ideal.

legen wir das zugeschnittene Depronteil so an, dass es um ca. 2 cm über die Arbeitsplatte vorsteht, und biegen es über der Kante vorsichtig mit den Handflächen. Dabei spielt die Wärme der Hände durchaus eine Rolle. Also immer schön die ganze Hand auflegen und gefühlvoll biegen, dann die Depronplatte etwas vorziehen und wieder mit viel Gefühl biegen! So erreicht man nach und nach, dass sich die Platte biegen lässt und die gebogene Form auch beibehält. Allerdings können die Radien, die man so erhält, nicht sehr eng sein. Noch enger kann man Depron biegen, wenn man die Außenseite mit einem Klebeband oder einer Folie beklebt, wie es zum Beispiel bei der Pitts von Simprop der Fall ist. Da sich die Folie außen nicht dehnt, wird das Depron innen nur etwas gestaucht und verliert seine Stabilität ebenso wenig, wie es brechen kann. Damit lassen sich sehr enge Biegeradien erreichen, die sonst mit Depron nicht möglich wären, wenn es kalt verformt würde.

Einmal gebogen, behält das Depron seine Form auch über Jahre.

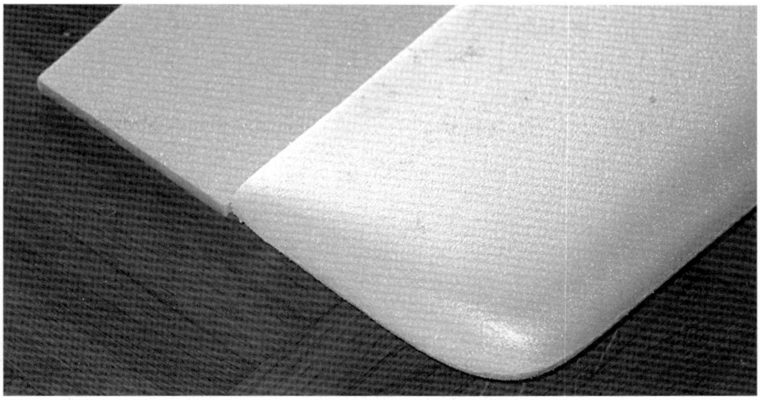

Der tiefgezogene Randbogen der Monsoon von Sascha Fliegener. Das ist schon die hohe Kunst der Depronbearbeitung!

Tiefziehen

Das Tiefziehen ist die ganz hohe Kunst der Bearbeitung, die längst nicht jedem gelingt. Industriell wird das sehr häufig gemacht, Einweg-Warmhalteverpackungen sind das beste Beispiel, aber mit den primitiven Mitteln eines Modellbauer ist es nicht ganz einfach, gute Resultate zu erzielen. Dazu kommt der Aufwand, erst eine Positivform und aus dieser dann eine Negativform machen zu müssen, und zwar eine, die zu der ebenfalls selbst zu bauenden Tiefzieheinrichtung passt. Offen gestanden lohnt sich das nur für eine Serienfertigung, also ein Vereinsprojekt, oder wenn man daran denkt, ein Modell kommerziell zu fertigen. Dazu kommt noch ein erhöhter Ausschuss beim Material, bevor brauchbare Resultate erzielt werden.

Das alles, und die fehlende Zeit, hat den Autor bislang davon abgehalten, das Tiefziehen von Depron selbst auszuprobieren, auch wenn es durchaus Vorteile hat. Denn es gestattet die schnelle und einfache Herstellung sphärisch gewölbter Teile für Rümpfe oder Tragflächen, die eine Festigkeit aufweisen, wie man sie mit einfachen Platten kaum erreichen kann. Wenn es einmal läuft, sind zwei Rumpfhälften schnell gemacht, und ein leichter und doch stabiler Flugzeugrumpf ist in einer Stunde locker gebaut. Deshalb gibt es auch relativ viele kommerziell hergestellte Modelle in Tiefziehbauweise. Gerade Modelle wie die Lightning von FSK, auf die wir später noch zu sprechen kommen, wären ohne tiefgezogene Depronteile nicht möglich. Sowohl die Form als auch die Detaillierung der Teile ist anders nicht zu machen.

Der Aufwand lohnt sich also durchaus, aber eben nicht für Einzelstücke. Schade eigentlich!

Der Rumpf des Lipol-one von Scorpio wird leicht und stabil aus zwei tiefgezogenen Depron-Halbschalen gebaut. Mit industriellen Mitteln ist das durchaus rationell.

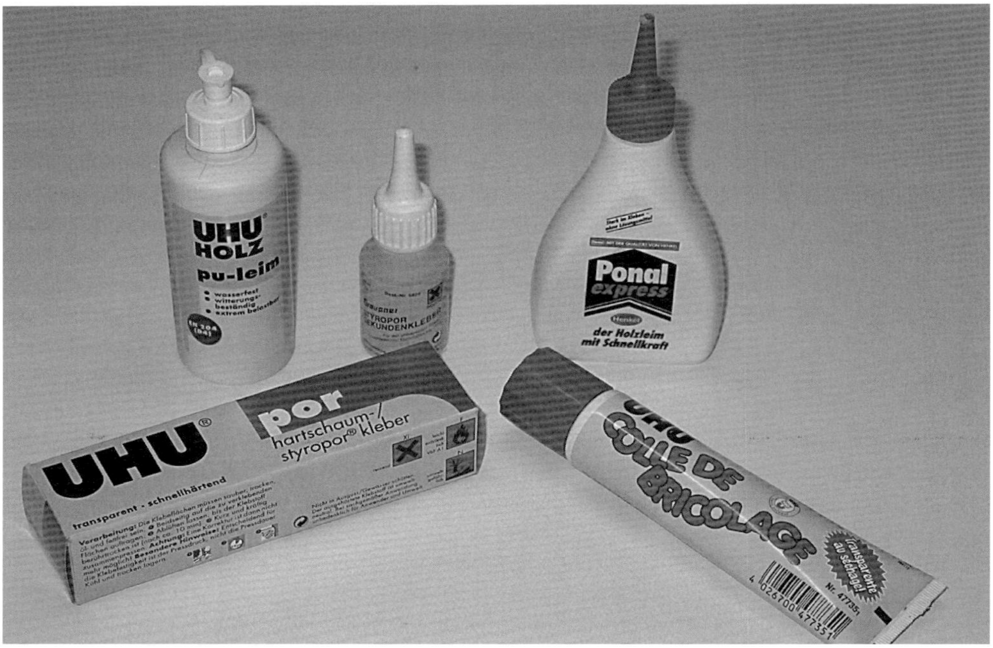

Ein ganzes Sortiment an Klebstoffen. Jeder hat seinen besonderen Einsatzzweck.

Klebemittel und -techniken

Nachdem wir unsere Depronplatten zu modellgerechten Einzelteilen geschnitten und geformt haben, ist es nun an der Zeit, die Elemente miteinander zu verbinden, sprich miteinander zu verkleben. Das ist so weit kein Problem, schließlich sind wir Modellbauer wahre Weltmeister im Kleben, und es sollte doch für jedes Material der richtige Kleber in der Bastelkiste sein. Aber das Leben ist manchmal nicht ganz so einfach, denn wie Styropor ist Depron leider nicht lösungsmittelbeständig, und viele gängige Klebstoffe sorgen nur dafür, dass sich Depron auflöst, und nicht dafür, dass sich zwei Teile dauerhaft miteinander verbinden.

Der erste Tipp an dieser Stelle muss also lauten: Egal was auf der Packung steht, ein neuer Kleber muss erst einmal an einem Reststück probiert werden. Nur so ist man vor Überraschungen sicher.

Gehen wir nun die möglichen Klebstoffe einmal im Einzelnen durch.

Weißleim

Der gute alte Weißleim, den wir aus der Holzverarbeitung als zuverlässigen, aber langsam trocknenden und etwas schweren Kleber kennen, eignet sich auch sehr gut für Depron. Er

PU-Holzleim ist eine sinnvolle Alternative, besonders für Verklebungen an Stellen, die man nicht einsehen kann, denn er schäumt auf und füllt Lücken sehr gut aus.

Eine typische Anwendung von PU-Leim: Die Fahrwerksröhrchen und der Spant werden wohl ewig halten.

zieht zuverlässig in die Poren des Materials ein und sorgt für haltbare Klebestellen, die zugleich auch noch etwas elastisch bleiben und einen Schlag abfangen können. Also eigentlich der ideale Kleber für Depronmodelle, oder?

Ja, wenn man Zeit und Geduld hat, denn Weißleim härtet nur durch Luftkontakt aus, und da Depron kaum luftdurchlässig ist, dauert es fast ewig, bis eine Klebestelle durchgetrocknet ist. Also ist das nur etwas für geduldige Modellbauer. Das Fixieren der Teile mit Stecknadeln ist zudem gefährlich, da die Stecknadeln gern mit ankleben und dann nur mit Gewalt aus dem Material zu bekommen sind. Oft reißen sie beim Herausziehen sogar noch Depronstücke mit ab.

Lösemittelfreie Bastelkleber

Auf lösemittelfreie Klebstoffe ist der Autor durch seine Kinder gekommen, die damit Papier und anderes Material geklebt haben. Diese Bastelkleber sind in ihren Eigenschaften dem Holzleim sehr ähnlich. Die Klebestelle bleibt relativ elastisch, aber leider sind die Bastelkleber kaum schneller trocken als der Weißleim und verlangen daher ebenfalls einige Geduld

Styroporverträglicher Sekundenkleber mit Aktivator

Geduld, das ist so ein Thema, und der Autor gibt gern zu, dass sein zweiter Vorname eher „Ungeduld" lauten müsste. Am liebsten baut man doch einfach ohne Trockenpausen für den Klebstoff. Dafür ist „Styrozack" fast ideal, denn er härtet, zusammen mit dem richtigen

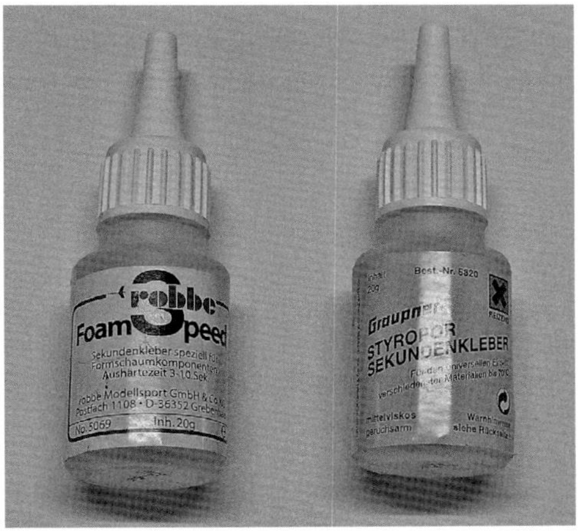

Styrozack gibt es bei vielen verschiedenen Vertriebsfirmen. Zusammen mit dem Aktivator erlaubt der Kleber eine sehr schnell Arbeit.

Der Bastelkleber von Uhu trocknet glasklar aus. Damit eignet er sich besonders für Leimraupen an Leitwerken und Tragflächen.

Aktivator, wirklich in Sekunden aus. Aber Vorsicht, dafür muss der Sekundenkleber garantiert styroporverträglich und die Kombination mit dem Aktivator auch getestet sein. Sonst gibt es die beim Thema Kleben schon erwähnten Überraschungen. Dabei ist nicht nur die chemische Verträglichkeit wichtig. Manche Aktivatoren entwickeln zusammen mit dem Kleber so viel Reaktionswärme, dass sich das Depron darunter auflöst. Da wäre dann weniger Aktivator mehr.

Sekundenkleber härtet zwar auch ohne Aktivator schnell aus, aber es dauert doch noch rund zehn Minuten, bis die Klebestelle belastbar ist, und oft braucht er durchaus eine halbe Stunde, bis er komplett durchgehärtet ist. Da muss man die Teile dann schon wieder fixieren und trifft auf das Problem mit den Nadeln.

Am schnellsten geht es, wenn man das eine Teil an der Klebestelle dünn mit Styrozack überzieht und das Gegenstück mit Aktivator besprüht. Dabei gibt es keinen Grund zur Eile, aber wenn die beiden Teile dann aneinandergepresst werden, sollten sie schon passen, denn ein Verschieben ist nun nicht mehr möglich, Kleber und Aktivator reagieren ohne Verzögerung miteinander und die Teile sitzen fest. Eventuell kann man die Klebestellen noch einmal von außen mit Aktivator besprühen, um zu verhindern, dass man sich die Finger oder die Kleidung mit Sekundenkleber verschmiert. Das gibt nämlich immer einen Höllenärger mit der häuslichen Regierung, denn Sekundenkleber lässt sich aus Textilien so gut wie nicht entfernen.

Das ist aber leider nicht der einzige Nachteil von Sekundenkleber. Die Klebestellen werden auch glashart, und bei einer Belastung kann es passieren, dass sie aufspringen, da sie keine Stoßenergie abfangen können. Viele Modellbauer nehmen Sekundenkleber daher nur für Reparaturen an Modellen und bevorzugen für das Bauen andere Kleber.

PU-Schaum

Polyurethan-Schäume kennen wir aus dem Baugewerbe als Montagekleber. Sie reagieren mit Luftfeuchtigkeit und dehnen sich bei Kontakt mit Luft wie ein Schwamm aus, wodurch sie gut Spalten und Risse ausfüllen können. Es gibt sie aber auch in kleinen Gebinden als PU-Holzleim. Hier macht man sich zunutze, dass sie sich in die Poren des Holzes setzen und so für eine dauerhafte Verbindung sorgen.

Das klappt auch mit Depron gut. Die Klebestellen mit PU-Schaum sind einerseits leicht, andererseits aber auch dauerhaft und etwas elastisch. Die Klebedauer beträgt ca. 20 Minuten, in denen der Schaum in der Lage ist, kleine Spalten auszufüllen. Etwas beschleunigen kann man das Kleben, indem die Klebestelle auf einer Seite angefeuchtet wird.

Uhu-Por

Mittlerweile wissen wir: Schnell, leicht, sparsam und etwas elastisch soll der ideale Kleber für Depronmodelle sein. All das ist Uhu-Por! Also, warum suchen wir noch nach einer Alternative? Ehrlich gesagt, ich weiß es nicht, denn es gibt wirklich kaum etwas Besseres für Depron als Uhu-Por. Ich kenne eigentlich nur drei Nachteile:

1. Eine Tube kostet leicht einmal 5 €, und das ist schon viel, aber dafür reicht sie auch für fünf Shockflyer oder drei normale Modelle.
2. Ich gehe meilenweit ... für eine Tube Uhu-Por. Im Modellbaufachhandel kennt man diesen Kleber anscheinend nur selten und auch im Baumarkt findet man ihn nicht. Am ehesten wird man da noch fünfig im guten alten Bastelgeschäft und in Fachgeschäften für Dekorationsbedarf.
3. Uhu-Por muss ablüften. Man trägt Uhu-Por, wie jeden anderen Kontaktkleber auch, auf beide Teile auf, und dann ist erst einmal Warten angesagt, denn vor dem Kleben müssen beide Teile mindestens 20 Minuten ablüften, damit sie nach dem Zusammenpressen sofort halten. Je länger die Teile ablüften, desto besser. 20 Minuten

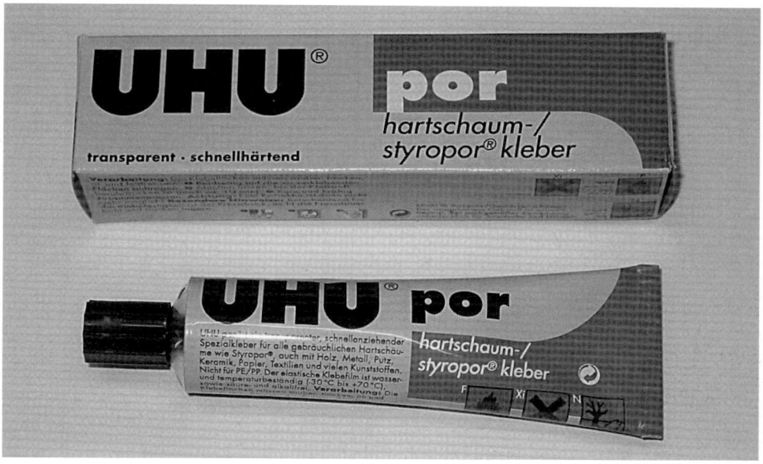

Uhu-Por – der Klassiker unter den Depron-Klebern. Ohne ihn gäbe es viele Modelle gar nicht.

sind eher das Minimum. Gern darf es auch länger dauern, und selbst nach 24 oder 48 Stunden Ablüftzeit hält der Kleber noch bombastisch.

Doch aufgepasst: Hat der Kleber abgelüftet, halten die beiden Seite sofort, es gibt also keine zweite Chance, die Teile zu justieren, wenn sie versetzt zusammengepresst wurden! Das klingt negativ, hat aber gerade dann Vorteile, wenn Teile unter Vorspannung verklebt werden.

Aceton und andere Lösungsmittel

Jetzt gilt es den Teufel mit Belzebub auszutreiben, denn wir arbeiten genau mit den Materialien, die man eigentlich nicht benutzen sollte. Mit dem richtigen Händchen kann man nämlich Aceton mit einem Pinsel dünn auf Depron auftragen und dann das Gegenstück andrücken. Das Aceton löst das Depron nun, hoffentlich nur an der Oberfläche, an und verschweißt die beiden Teile regelrecht miteinander. Danach verflüchtigt es sich und die beiden Depronteile sind ohne Gewichtszuwachs dauerhaft miteinander verbunden.

Soweit die Theorie. In der Praxis klappt das auch schon mal, es geht aber noch öfter schief, sofern man nicht genau den Bogen raus hat. Deshalb ist das eher eine Sache für die absoluten Experten. Am ehesten kommt diese Methode noch in Frage, wenn man zwei Platten flächig miteinander verbinden will. Da kann man die Platten mit einem Lappen, mit dem man etwas Aceton oder Nitroverdünnung aufgenommen hat, einmal kurz abreiben und dann aneinander pressen. Für flächige Verbindungen ist das die beste Methode, aber auch hier ist zu viel Lösungsmittel das Ende der Platte.

Übrigens sind Aceton und Nitroverdünnung hochgiftige Chemikalien, mit denen man nicht vorsichtig genug umgehen kann!

Sprühkleber

Sprühkleber eignet sich ebenfalls nur für flächige Verbindungen. Man muss ihn sich wie eine Art Uhu-Por in der Sprühdose vorstellen. Damit kann man Depronteile weitaus ungefährlicher flächig miteinander verbinden als mit Lösungsmitteln. Allerdings ist Sprühkleber relativ schwer und sollte daher nur äußerst dünn aufgetragen werden, um den Gewichtszuwachs in Grenzen zu halten.

Sprühkleber findet man oft als Fotokleber im Schreibwarengeschäft.

Epoxydharze

Wenn wir an dieser Stelle über Epoxydharze sprechen, dann hauptsächlich über 5-Minuten-Harz und über Klebestellen, an denen Depron mit anderen Werkstoffen, insbesondere Metallen, verbunden wird. Epoxydharz eignet sich außerdem für jene Stellen, an denen große Kräfte auf das Depron wirken, insbesondere für die Fahrwerksbefestigung, die Motorspanten und die Flächenbefestigungen. Leider ist das Harz sehr schwer und sollte also genau diesen Stellen vorbehalten bleiben. Aber auch dabei ist darauf zu achten, dass es möglichst flächig auf das Depron kommt, damit die Krafteinleitung nicht punktuell geschieht, denn das verträgt Depron nicht.

Es gibt also reichlich Möglichkeiten, Depron zu kleben, auch wenn es den einen „idealen Kleber“ für alle Fälle nicht gibt. Aber das ist ja bei anderen Baumaterialien nicht anders.

Depron in Materialkombinationen

Jetzt haben wir schon so viel Gutes über Depron gehört, dass sich die Frage aufdrängt, ob wir überhaupt noch andere Werkstoffe in unserem Bastelraum benötigen. Radio Eriwan würde nun antworten: „Im Prinzip nein, aber ...!“ Und Recht haben die Leute in Eriwan. Im Prinzip ist es durchaus möglich, ein Modell komplett aus Depron zu bauen, aber ob es sinnvoll ist, das sei dahingestellt.

Depron ist wirklich fast das ideale Baumaterial für leichte Modellflugzeuge, aber da gibt es noch ein kleines Problem. Depron ist nicht punkförmig belastbar. Im Klartext bedeutet das, dass wir an eine Depronplatte nichts anschrauben können, und es hat auch keinen Sinn, hochbelastete Stellen wie die Fahrwerksaufnahme oder die Flächenhalterung aus Depron zu bauen. Es ist also von Vorteil, wenn wir akzeptieren, dass gewisse Teile eines Modells eben doch besser aus anderen Materialien zu bauen sind.

Holz

Holz ist wohl der erste Werkstoff, der uns als Ergänzung von Depron in den Sinn kommt, denn etwas Sperrholz und einige Balsaholzreste hat wohl fast jeder Modellbauer noch unter der Werkbank liegen. Viel muss es ja gar nicht sein, aber etwas Balsa- oder Sperrholz gerade an der richtigen Stelle wirkt Wunder. Für die meisten Motorspanten reicht da schon 3 mm starkes Pappelsperrholz, und Rumpfverstärkungen können problemlos aus hartem 1,5-mm-Balsaholz bestehen. Die Erfahrung hat gezeigt, dass es besser ist, relativ dünne Holzstärken großflächig einzusetzen als eine dicke Leiste auf einer kleinen Flä-

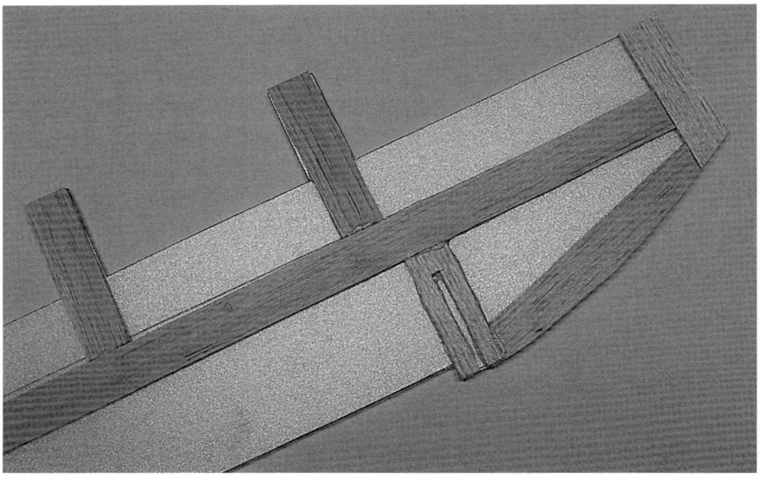

Die Innenseite eines Rechteckrumpfs mit Holzverstärkungen aus 1,5-mm-Balsa. So gewinnt das Rumpfvorderteil enorm an Festigkeit.

che. Depron ist nun einmal nicht punktförmig belastbar.

Für größere und schwerere Modelle darf es dann auch einmal eine Kiefernleiste sein, wobei hier gilt, dass sie möglichst einen rechteckigen Querschnitt hat und nicht quadratisch ist. Das Rückgrat des Albatros bildet ganz bewusst eine 3×10-mm-Kiefernleiste, die doppelt so viel Klebefläche hat wie eine 5×5-mm-Leiste. Im Nachhinein kann man sogar sagen, dass eine harte 3×10-mm-Balsaleiste auch genügt hätte, aber sie war nun einmal nicht zur Hand, und außerdem sollte das Modell für den Schulungsbetrieb entsprechend robust werden. So hat der Rumpf dann im Bereich des Fahrwerks und des Motorspants noch weitere kleine Verstärkungen aus einem 3-mm-Balsabrett erhalten, um auch hier die notwendige Robustheit sicherzustellen.

Ebenso betrifft dies die Nasenleisten, besonders bei Flügeln aus geraden oder gebogenen Depronplatten. Entweder man verspannt solche Flächen mit Fäden, oder man klebt eine 3×3- oder 3×5-mm-Kiefernleiste vor die Platte, und schon biegen sie sich deutlich weniger durch und auch ein Hindernis bei der Landung kann der Fläche nichts mehr anhaben.

GFK und CFK

Verstärkungen aus Glasfaser- oder Kohlefasermatten kennen wir aus allen Bereichen des Flugmodellbaus, und natürlich haben Sie auch bei Depronmodellen ihren Sinn. Eine dünne Glasmatte, mit wenig Harz innen im Rumpf angebracht, bewirkt einiges, besonders da sie eine wirklich großflächige Krafteinleitung in die Rumpfstrukturen sicherstellt. Kleinere Glasmatten kann man auch mit Styro-Sekundenkleber auf Depron verkleben. Das geht schneller und einfacher als das Anrühren einer kleinen Menge Epoxydharzes. Besonders für kleine Depronmodelle bietet sich das an, während bei großen Modellen kaum ein Weg am Epoxydharz vorbeiführt. Natürlich kann man einen Depronrumpf auch von außen mit Matten verstärken, aber das sieht dann leicht wie repariert aus, und das ist bei einem neuen Modell ja nun wirklich nicht Sinn der Übung.

Apropos Reparaturen: Wenn eine Rumpfnase erst ein- oder zweimal richtig gestaucht ist, bekommt man mit „normalen“ Methoden kaum noch Stabilität hinein, aber eine Glasmatte kann solch ein Puzzle wieder retten.

Kohlefaserprofile

Noch beliebter als flächige Verstärkungen sind bei Depronmodellen Profile aus Glas- oder Kohlefaser. Man bekommt sie im Drachenzubehör oder im Versandhandel zu Preisen von etwa 3–5 € je Meter. Das ist nicht gerade billig, aber die Profile sind schön leicht und extrem stabil. Anfangs wurden fast nur runde Kohlefaserstäbe eingesetzt, aber mittlerweile gibt es auch eine gute Auswahl an Flachprofilen, mit denen sich tolle Dinge machen lassen.

Ein Rundstab ist in alle Richtungen gleichermaßen verdrehsteif, während ein Flachprofil in die eine Richtung leicht zu verbiegen ist, während es in der anderen Richtung extrem stabil ist. Ein als Nasenleiste an die Fläche eines Shockflyers geklebtes 0,5×5-mm-Kohleflachprofil bewirkt, dass der Flügel des Modells sich genauso wenig durchbiegt, wie das bei einem vor den Flügel geklebten 3-mm-Rundstab der Fall wäre. Aber natürlich ist das Flachprofil deutlich leichter. Zudem ist der

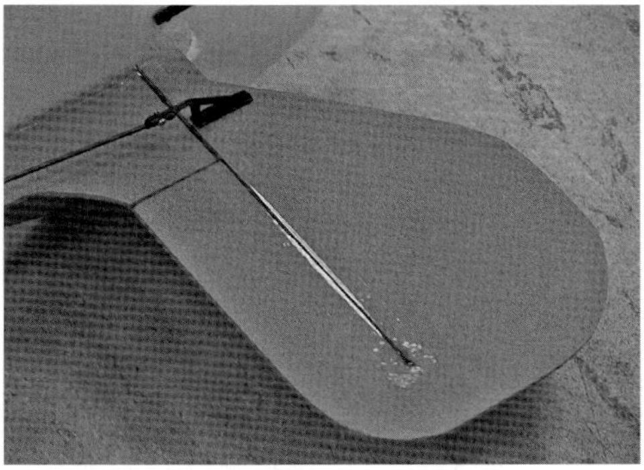

Ein Kohlefaser-Flachpofil verstärkt hier das Leitwerk eines Kunstflugmodells und sorgt so für Torsionssteifigkeit.

Flügel mit einem Kohleprofil als Nasenleiste durch einen Wandkontakt beim Hallenfliegen kaum zerstörbar.

Runde Kohlestäbe klebt man am besten mit Klebeband an den Flügel. Das hat den Vorteil, dass man den Kohlestab später auch noch einmal für ein anderes Modell benutzen kann. Flachprofile kann man aus demselben Grund natürlich auch mit Klebeband befestigen, aber man kann sie auch direkt, zum Beispiel mit Uhu-Por, ankleben. Sekundenkleber ist da nicht unbedingt das Mittel der Wahl, da er die Kohlestäbe spröde macht.

Klebeband

Mit Klebeband, ganz recht, und einfaches Tesafilm reicht häufig aus, kann man ebenfalls Modelle verstärken. Einmal um die Nasenleiste einer Tragfläche aus einer gebogenen Platte geklebt, kann man sicher sein, dass der Flügel nicht an irgendeiner Stelle einreißt und abknickt, denn das Band verteilt die Belastungen, die auf die Flügelnase wirken, auf eine große Fläche.

Noch besser als einfaches Tesa ist Strapping Tape, also ein klares Band mit einer Gewebeeinlage. Zum einen klebt es fantastisch, zum anderen ist es durch die Gewebeeinlage auch nicht zum Reißen zu bewegen.

Selitac

An anderer Stelle haben wir schon festgestellt, dass sich Depron nur begrenzt biegen lässt. Es gibt aber ein Material, das Depron sehr ähnelt und trotzdem in einer Richtung locker um einen Bleistift gebogen werden kann: Selitac, nicht zu verwechseln mit Selitron, das wie Depron ist. Selitac wird zur Trittschalldämmung unter Laminat- oder Parkettfußböden benutzt und in 10 m langen Rollen geliefert. In seiner Struktur und Zusammensetzung ähnelt es Depron stark, ist aber deutlich faseriger und kann in einer Richtung auch um sehr enge Radien gebogen werden. Rumpfrücken und Motorhauben, sogar komplette Flügel sind damit keine Frage. Schade nur, dass man so viel davon kaufen muss. Mit einer Rolle kommt ein durchschnittlicher Modellbauer wahrscheinlich ein Leben lang aus.

Glasklares Paketband hält sehr gut auf Depron und ist so für Verstärkungen oder als Scharnierband für größere Modelle geeignet.

Noch besser hält glasfaserverstärktes Strapping-Tape. Ohne Zerstörungen lässt es sich nicht von Depron entfernen.

Depron und die Farbgestaltung

Weiße Modelle sind ohne Zweifel schön, aber ehrlich gesagt gehen dem Autor mittlerweile die rein weißen Depronmodelle auf die Nerven. Sie sehen einfach unfertig aus und erinnern an die Anfangszeit des Depronmodellbaus, als man nicht sicher war, ob aus solchem Material gebaute Modelle überhaupt fliegen. Doch über dieses Stadium sind wir mittlerweile lange hinaus, und es gibt einige gute Möglichkeiten, Depronmodelle mit etwas Aufwand farbig zu gestalten.

Die kommerziellen Anbieter haben das schon lange erkannt und manche von ihnen bieten mittlerweile Depronmodelle in einer Qualität und mit einem Finish an, dass man sie auch ohne Weiteres als Standmodelle benutzen könnte. So weit muss man es als Amateur ja gar nicht treiben, aber auch ein einfaches Modell verdient es, mit einigen Kniffen optisch aufgepäppelt zu werden.

Anfangs stellte sich da dann auch noch die Frage nach der richtigen Farbe, denn Depron ist nun einmal nicht lösungsmittelbeständig, und es kommen daher auch nur wasserlösliche Farben in Frage. Endgültigen Aufschluss gibt aber, wie beim Kleber, nur der Test der Farbe an einem Probestück.

Der Autor verwendet mittlerweile am liebsten die wasserlöslichen Farben aus dem Bastelbedarf, die sich sehr gut mit Pinsel und Schwamm verarbeiten lassen. Es gibt sie verhältnismäßig preiswert in vielen Farbtönen. Die matten Farben wirken dabei auf den meisten Modellen stumpf, so dass man darauf achten sollte, möglichst glänzende Farben zu bekommen.

Einfärben mit dem Schwamm

Bevor wir uns damit beschäftigen, farbiges Dekor auf das Modell zu bringen, soll es erst einmal darum gehen, Depron flächig einzufärben, um den weißen Grundton loszuwerden. Nichts gegen Weiß als Grundfarbe für ein Modell, aber es ist erstaunlich, wie sehr eine andere Grundfarbe ein Flugmodell aufwertet.

Die Aussage, dass es Depron nur in Weiß gibt, ist mittlerweile von der Firma Graupner widerlegt worden. Wie bereits erwähnt, bietet Graupner inzwischen über den Modellbau-Fachhandel auch eingefärbtes Depron an. Haben wir aber nur weißes Depron zur Verfügung, müssen wir selbst für eine Grundfärbung sorgen. Das geht mit der entsprechenden Farbe natürlich mit dem Pinsel, der Sprühdose oder einer Airbrushpistole (Druckluft-Sprühpistole), doch eine ganz andere Methode hat sich als noch besser, einfacher und leichter erwiesen. Für sie braucht man lediglich Farbe und ein Stück Schaumgummi oder einen alten Schwamm. Der Schwamm wird satt mit Farbe getränkt und die Farbe dann auf der Depronfläche verrieben und regelrecht in das Material eingearbeitet. Erstaunlicherweise sind die meisten Farben, auf diese Art verarbeitet, erstaunlich ergiebig, und schon der erste Farbklecks reicht für eine enorm große Fläche,

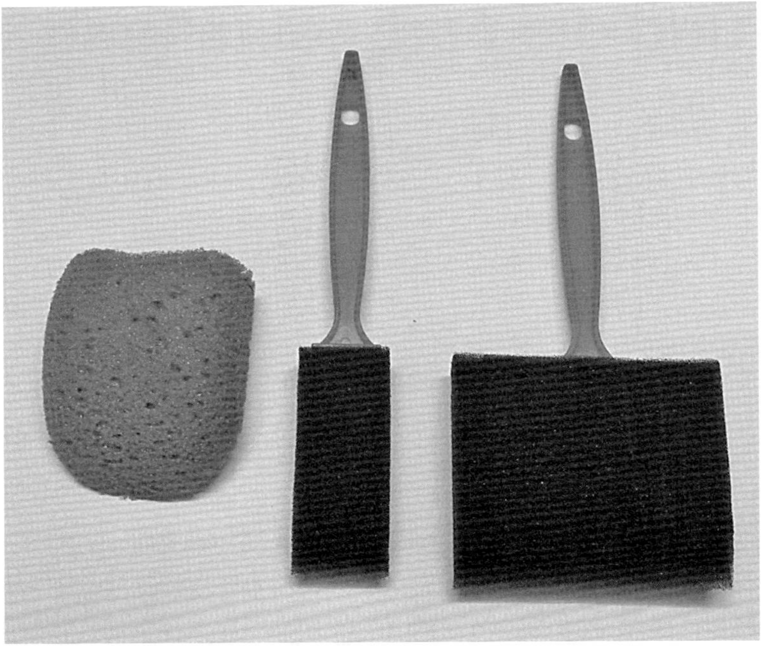

Zum großflächigen Einfärben von Depron eignen sich sowohl Schaumstoffpinsel als auch ein Stück Schwamm. Je breiter der Pinsel, desto gleichmäßiger die Einfärbung.

denn die Farbe wird nur sehr dünn aufgetragen. Durch den dünnen Farbauftrag trocknen die handelsüblichen Bastelfarben auch relativ schnell, und man kann nach rund einer Stunde die Prozedur noch einmal wiederholen, wenn die Farbe zu ungleichmäßig oder zu dünn aufgetragen wurde. Hier gilt die Devise, dass es besser ist, die Farbe zwei- oder dreimal dünn aufzutragen als einmal zu dick.

Helle Farben eignen sich übrigens besser für diese Art der Färbung als dunkle Farben. Gelb ist hier mein persönlicher Favorit, da reicht oft ein einziger Arbeitsgang.

Ein weiterer Vorteil dieser Methode liegt in dem nur geringen Gewichtszuwachs. Selbst Indoor-Kunstflugmodelle, bei denen es auf jedes Gramm ankommt, kann man auf diese Weise einfärben, ohne Angst vor Übergewicht bekommen zu müssen.

Diese Methode klingt fast zu simpel. Aber versuchen Sie es einmal! Es geht besser und die Oberfläche ist gleichmäßiger als bei einer Lackierung mit dem Pinsel oder der Sprühdose.

Einfärben mit der Rolle

Anstatt des Schaumgummistücks kann man Acrylfarben auch mit einer Schaumgummirolle auf Depron auftragen und erhält eine gleichmäßige Färbung bei akzeptablem Gewichtszuwachs. Außerdem kann man die Rolle relativ trocken über eine Pappschablone rollen und so farbige Flächen absetzen. Die Kanten müssen dann nur noch mit dem Filzstift nachgezogen werden.

Pinsellackierung

Natürlich werfen wir unseren Pinsel wegen der oben beschriebenen Methoden noch lange nicht in die Tonne, denn diese Methoden eignen sich wirklich nur für große Flächen und man kann mit ihnen nur schlecht bis zu einer genau definierten Kante arbeiten.

Das geht mit dem Pinsel besser, besonders weil es große Probleme gibt, wenn es darum geht, Farbkanten abzukleben. Die meisten Klebebänder halten auf Depron entweder gar nicht oder gleich so gut, dass die darunterliegende Farbschicht zusammen mit dem Klebe-

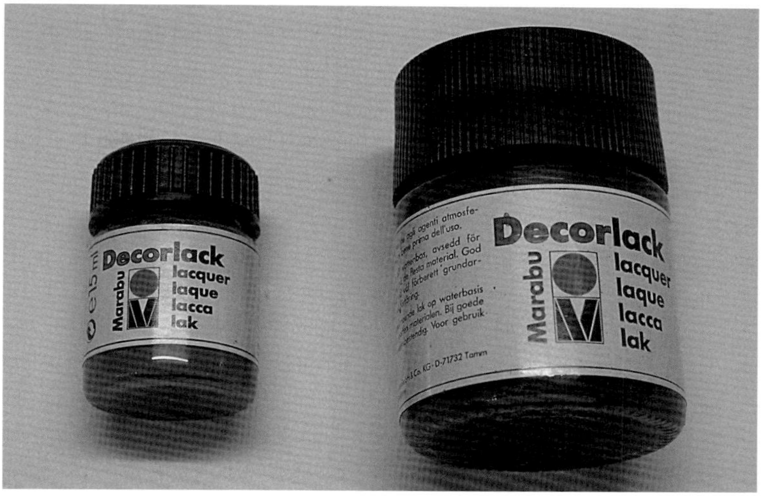

Diese und ähnliche Farben auf Acrylbasis gibt es in großer Auswahl in Baumärkten und Bastelgeschäften. Wenn möglich, sollte man seidenmatte Farben verwenden.

band wieder abgerissen wird. Außerdem saugt sich die Farbe durch die Kapillarwirkung gern unter das Klebeband, und dann sieht die Kante erst recht angefressen aus.

Freihändig wird das aber auch nichts mit den geraden Kanten. Also ist guter Rat teuer. Oder auch nicht! Kennen Sie den ersten Grundsatz beim Schminken? Ganz einfach: „Was Du nicht verdecken kannst, musst Du betonen!“ Also machen wir uns für die Farbkanten keine verschämten Bleistiftstriche, sondern wir nehmen gleich einen wasserfesten schwarzen Filzstift mit ca. 1 mm Strichbreite. Den kriegen wir nie wieder vom Modell herunter, also bitte sorgfältig anzeichnen! Dann werden die Farbflächen sorgfältig bis an den Strich oder sogar bis auf den Strich, aber ganz sicher nicht bis über den Strich ausgemalt. Das haben wir doch schon in der Schule geübt, oder?

Acrylfarbe und Filzstifte haben zum Design dieses Modells beigetragen. Gerade die Farbränder in Schwarz tragen noch einmal zum Aussehen des Modells bei.

Bis *an* den Strich muss sein, bis *auf* den Strich macht auch nichts, denn wenn der Lack trocken ist, ziehen wir den Strich noch einmal nach, und dann ist er wieder edel und schwarz.

Das klingt verrückt? Macht nichts! Probieren Sie es mal, und sie werden feststellen, dass der dünne schwarze Strich zwischen zwei Farbflächen wirklich nicht stört. Im Gegenteil, er wirkt eher edel. Und so ersparen wir uns das lästige Abkleben.

Zwischen den Farbkanten versuchen wir nun noch mit dem Pinsel, die Flächen möglichst dünn und doch gleichmäßig zu lackieren. Das ist schon bei recht kleinen Flächen gar nicht so einfach und vermittelt einen Eindruck davon, wie es gewesen wäre, wenn man das ganze Modell mit dem Pinsel hätte einfärben wollen.

Theoretisch könnte man die Farbtrennung auch mit einem andersfarbigen Filzstift machen, aber Schwarz deckt hier am besten.

Filzstift-Lackierung

Filzstifte kann man auf Depron nicht nur für das Abtrennen von Farbflächen, sondern noch weiter gebrauchen. Wenn es um ganz kleine Flächen oder sogar um schmale Zierstreifen geht, sind sie sehr praktisch. Bei einem Folienfinish würde man hier ein Zierlinienklebeband benutzen, aber das hält auf Depron nicht dauerhaft. Bei Depronmodellen ist das dann die Stunde der Filzstifte, die es in unterschiedlichen Stärken von ca. 0,3 bis 6 mm gibt. Mit etwas Übung kann man mit diesen Stiften an einem Abend ein ganzes Modell verzieren. Bis hin zu Kunstflugstreifen sind der Fantasie keine Grenzen gesetzt, und das Schöne ist zudem, dass ein Filzstift-Finish fast gar nichts wiegt. Bei vorbildgetreuen Modellen lassen sich so ganze Schriftzüge aufbringen oder Beplankungsstöße imitieren. Der Aufwand ist gering, aber der Effekt ist enorm und wertet ein Modell auf.

Sprühfarben

Es geht aber auch anders, wenn man es eilig hat. Man nehme zwei oder drei Sprühdosen mit unterschiedlichen Farben und sprühe deren Inhalt mehr oder weniger wahllos auf das Modell.

Halt, halt, so einfach ist das nun nicht, auch wenn es bei den Profis so klingt oder so aussieht! Erst einmal brauchen wir die richtige Farbe. Die gibt's aber schon beim Modellbauhändler, denn Graupner hat ein Sortiment von styroporverträglichen Grundfarben, mit denen sich gut auf Depron arbeiten lässt. Leider sind die Farben nicht unproblematisch, und es ist schon vorgekommen, dass einzelne Partien zwei oder drei Tage bis zum Durchtrocknen

Dieser Doppeldecker ist ausschließlich mit Eddingstiften „lackiert". Mit etwas Abstand fällt das gar nicht weiter auf.

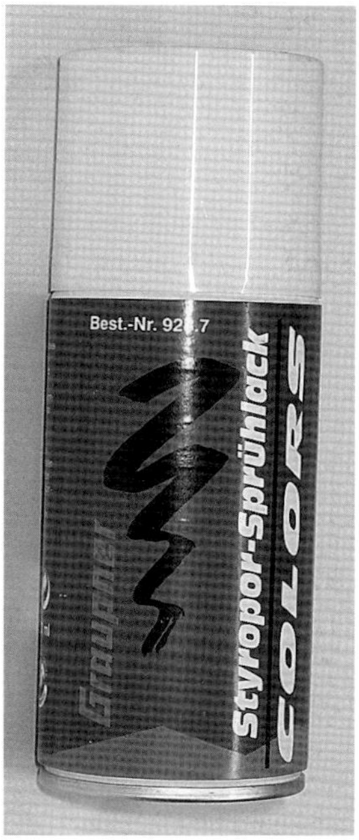

Styroporverträglichen Sprühlack gibt es in diversen Farben auch von der Firma Graupner im Modellbaufachhandel.

gebraucht haben. Außerdem decken die dunklen Farben erst nach mehrmaligem Auftrag, der dann entsprechend schwer wird.

Im Baumarkt gibt es aber auch ein Sortiment an wasserlöslichen Sprühlacken, die sich gut mit Depron vertragen sollten. Hier macht wieder erst der Versuch klug, doch die Chancen stehen generell gut.

Bei den Sprühlackierungen besteht freilich immer die Gefahr, dass man zu viel Farbe aufträgt, um eine deckende Schicht zu erhalten. Das bekommt man dann beim Wiegen zu spüren. Lieber zwei- oder dreimal dünn lackieren als einmal zu dick, lautet auch hier die Devise.

Außerdem hat Sprühfarbe die unliebsame Eigenschaft, immer dahin zu fliegen, wo wir sie gar nicht haben wollen. Sorgfältiges Abkleben ist also erste Sprayerpflicht, wenn es sauber aussehen soll. Hier ist Depron ein besonders kritisches Material, da es sich statisch auflädt und die Farbe dann direkt anzieht. Für ein gutes Ergebnis muss das Modell also komplett abgedeckt werden. Doch mit welchem Klebeband? Tesa-Krepp haftet zwar sehr gut auf Depron, zieht aber die Farbe auch oft wieder vom Material herunter. Besser sind da die Maskierfolien, welche die Airbrusher verwenden. Allerdings haben diese Folien auch ihren Preis!

Damit sind wir dann bei den Profis angelangt, denn eigentlich ist Airbrushen – das Farbsprühen mittels Druckluft – ein Hobby

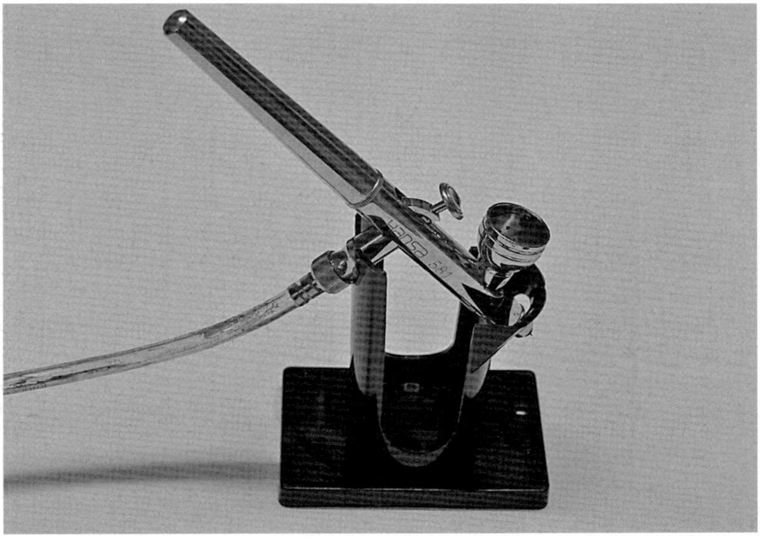

Mit einer solchen Airbrush-Pistole lässt sich natürlich feiner lackieren als mit einer Sprühdose.

Der Fachhandel bietet zahlreiche Farben für das Airbrushen an. Diese Farben sind besonders fein pigmentiert, so dass die Düsen nicht so schnell verstopfen.

für sich, und wenn man den Könnern über die Schulter sieht, kann man nur vor Neid erblassen. Depron ist an sich ein guter Untergrund für ein Airbrush-Design, und gerade bei den Indoor-Meetings findet man immer wieder Modelle mit einem atemberaubenden Finish, das jeden „Normalsprüher" staunen lässt. Mit einigen Schablonen und viel Fantasie lassen sich die tollsten Effekte auf die Modelle zaubern, und es gibt viele Modellbauer, die mehr Zeit in das Airbrush-Finish ihrer Modelle investieren als in den eigentlichen Bau.

Da sich die Farbe bei einer guten Spritzpistole fein dosieren lässt, kann man auch die Stärke der Lackschicht sehr dünn und damit das Gewicht des Farbauftrags in Grenzen halten. Das überzeugt die Leichtbaufanatiker unter den Depron-Modellbauern immer wieder. Und es macht Spaß, seiner Fantasie freien Lauf zu lassen! Aber wie schon erwähnt: Das Airbrushen ist eigentlich eine Wissenschaft für sich und erfordert eine Menge Übung und

Mit etwas Übung lassen sich mit der Airbrush-Pistole solche Designs, wie hier bei der X-Tacy von Torben Ruschhaupt, auf das Flugzeug sprühen.

leider auch etwas Geld für die Grundausstattung mit Spritzpistole und Kompressor.

Bei den Farben lieben die Airbrusher schon deshalb die wasserlöslichen Farben, weil man die Pistole dann besser reinigen kann. Das kommt uns natürlich entgegen, denn so haben wir eine große Auswahl an Farben, die Depron nicht angreifen. Also warten in dieser Hinsicht ausnahmsweise einmal keine Probleme auf uns. Das ist doch mal eine gute Nachricht!

Erfahrungsgemäß eignet sich die Spritzpistole aber nicht sehr gut für das Einfärben großer Flächen, weshalb wir dies, wenn gewünscht, besser mit dem Schwamm oder der Rolle machen. Darauf kann man dann das Dekor sprühen. Noch leichter wird die Arbeit für uns, wenn wir das „Depron-Weiß" als Grundfarbe akzeptieren und nur farbige Akzente setzen. Dabei sind unserer Kreativität wieder keine Grenzen gesetzt.

Aufkleber

Kommen wir in diesem Kapitel zuletzt noch zu den Aufklebern, mit denen man Depronmodellen zusätzlich „Leben" einhauchen kann.

Offen gestanden, das ist ein kritisches Kapitel! Wenn der Kleber des Dekormaterials für Depron nicht geeignet ist, halten die Aufkleber nicht sehr gut und es stehen schnell die Ecken hoch. Bei einigen Bausatzmodellen gibt es brauchbare Aufkleber, bei anderen nicht so gute, und auch die beliebten Schiebetransfers, die mit Wasser von der Trägerfolie gelöst werden, sind sicher nicht der Weisheit letzter Schluss. Der Selbstbauer hat es noch schwerer, da es so gut wie keine geeigneten Selbstklebefolien gibt. Dabei wäre es doch so schön, wenn man sich die dringend benötigten Dekors für das Depronmodell als Aufkleber am Computer ausdrucken könnte.

Der Autor hat hierzu einen Trick gefunden, der sogar leidlich funktioniert: Man kann sich Schriftzüge mit dem Tintendrucker auf transparente Overheadfolien drucken und diese Ausdrucke im ersten Schritt mit Klarlack wasserfest machen. Anschließend streicht man die Rückseite dünn mit Heißsiegelkleber ein und bügelt ihn, wenn er getrocknet ist, mit einem Bügeleisen, dessen Spitze mit einem weichen Tuch geschützt ist, vorsichtig auf. Mit der nötigen Aufmerksamkeit klappt das in den meisten Fällen, ohne Modell oder Aufkleber zu ruinieren. Perfekt ist das alles aber nicht, und großflächige Aufkleber gelingen so auch nur selten, aber immerhin ist es eine Möglichkeit.

Neben der Lackierung sorgen die Aufkleber auf der Lightning für den vorbildgetreuen Touch.

Bautechniken, Antrieb und RC-Einbau

Genug des Vorgeplänkels, kommen wir nun zu den eher „handfesten" Themen, denn natürlich wollen Sie als Leser auch wissen, wie man denn ein Depronmodell baut. Der Selbstbau von Depronmodellen ist doch das Salz in der Suppe, oder?

Auch hier führen viele Wege nach Rom, deshalb müssen wir unser Thema notgedrungen etwas gliedern und dieses wichtige Kapitel aufteilen. Der Rumpf soll uns als Erstes beschäftigen, dann kommen die Tragflächen und das Leitwerk an die Reihe und abschließend solche Details wie Fahrwerk, Anlenkungen und Verstärkungen.

Der Rumpf

Eigentlich ist der Rumpf ja nur die Verbindung zwischen Tragfläche und Leitwerk und zusätzlich noch der Halter für den Motor und die Fernsteuerungskomponenten. Wenn er diese Komponenten möglichst stabil und verwindungssteif miteinander verbindet, ist schon ein Großteil der Arbeit getan.

Der Rumpf hat aber auch einen großen Einfluss auf das Aussehen des Modells. Gerade bei einem vorbildähnlichen Modell ist ein perfekt gestalteter Rumpf das Ein und Alles. Da wäre es dann auch gut, wenn er alle Antriebs- und Fernsteuerungskomponenten vor dem Auge des Betrachters verbirgt und die Illusion eines „richtigen" Flugzeugs aufrechterhält. Beim Kunstflugmodell spielt der Rumpf noch eine besondere Rolle, denn seine Seitenansicht übernimmt im Messerflug die Funktion der Tragfläche, er muss dann also für Auftrieb sorgen.

Alles in allem hat der Rumpf somit eine Reihe von Aufgaben zu erfüllen, und je nachdem welche Aufgabe beim konkreten Modell im Vordergrund steht, gibt es unterschiedliche Bauweisen, die sich für das eine oder das andere Modell eignen.

Silhouettenrümpfe

Man nehme die Seitenansicht eines Flugzeugs, übertrage sie auf eine Depronplatte und mache anschließend das Gleiche mit der Draufsicht des Rumpfs. Diese wird nun noch einmal in der Mitte geteilt und rechts und links an die Seitenansicht geklebt. Fertig, schon haben wir einen Silhouettenrumpf! Stimmt, aber ganz so einfach ist es dann wieder auch nicht. Also noch einmal zurück zum Anfang.

Im Herbst 2003 hat die Firma Ikarus die Slowflyer-Szene mit ihren Shockflyern wirklich schockiert und die Indoor-Kunstflugszene erst einmal komplett umgekrempelt. Unter anderem sind durch die „Shockies" die Silhouettenrümpfe mit einem Schlag hoffähig geworden und Modelle in dieser Bauweise haben die Hallen erobert. Wer sie erfunden hat, ist nicht ganz klar. Sicher ist nur, es waren weder Ricola noch Ikarus, aber diese Frage ist eigentlich auch nebensächlich.

Tatsache ist, schneller und einfacher kommt man nicht zu einem Flugmodellrumpf,

Der Urvater der Silhouettenrümpfe aus Depron ist der Ikarus-Shockflyer. Aus dieser Perspektive wirkt das Modell trotz Kreuzrumpf vollständig.

und viel leichter kann man auch nicht bauen. Zusammen mit einer geschickten Farbgebung kann man wirklich die Illusion eines „richtigen“ Rumpfs, zumindest im Flug, erzeugen. Diesen Pluspunkten stehen aber auch einige Nachteile gegenüber, die sich kaum wegdiskutieren lassen.

Da ist zum einen der ästhetische Aspekt. In der Luft sehen die Modelle mit Silhouettenrümpfen ja ganz gut aus, aber die Rümpfe lassen doch die gesamte Technik offen. Wir haben also einen freien Blick auf Motor, Regler, Servos, Anlenkungen, Empfänger und viele, viele Kabel. Wirklich schön ist das nicht, aber man gewöhnt sich an alles, und mit etwas Sorgfalt lassen sich diese Einbauten auch so verstecken, dass das Bild nicht allzu sehr gestört wird.

Am meisten stören da noch die Kabel, die man möglichst kurz und geradlinig verlegen sollte. Die Leichtbaufanatiker nehmen sowieso Lackdraht als Zuleitungen, der sich besser verbergen lässt als ein richtiges Kabel. Wenn man aber schon Kabel legen muss, dann

Diesen Doppeldecker hat Manuel Nübel bei der Deutschen Meisterschaft im Indoor-Kunstflug 2005 geflogen. Typisch sind die Tragflächen aus ungebogenen Depronplatten.

Verstärkungen bei Silhouettenrümpfen

Skizze 1 Verstärkung mit Balsa-Dreikantleisten

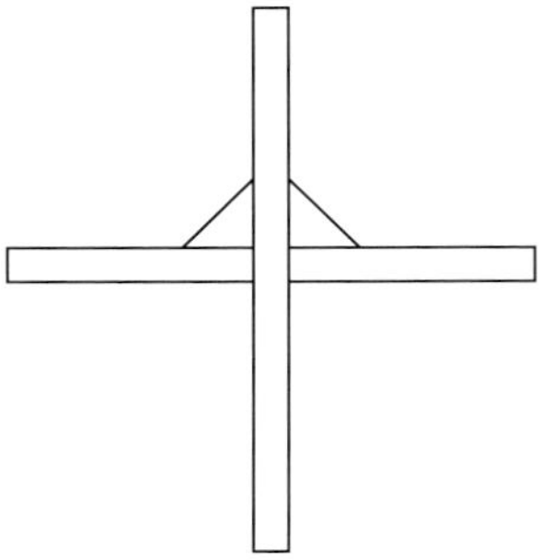

Skizze 2 Verstärkung mit Depron Diagonalstreben

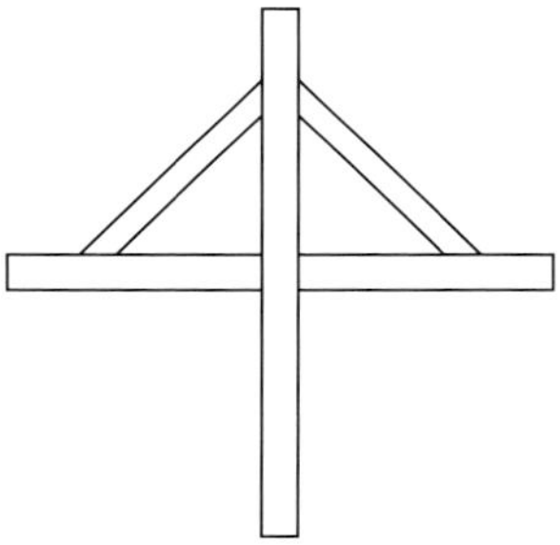

Skizze 3 Silhouettenrumpf mit 4 Verstrebungen

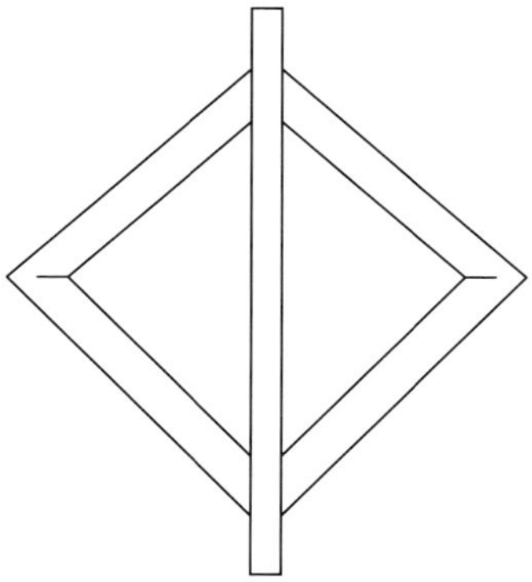

kann man sie auch gleich mit einem kleinen Kabelbinder zusammenfassen und in der Nähe des Empfängers fixieren. Die Anlenkungen zu den Rudern lassen sich leider nicht ganz vermeiden, doch auch hier kann man mit dünnen Bowdenzügen oder noch besser mit Seilzuganlenkungen etwas für die Optik tun.

Ein größeres Problem bei Silhouettenrümpfen ist die Verdrehsteifigkeit. Konstruktionsbedingt sind die Rümpfe zwar um die Längsachse und auch um die Querachse relativ stabil, aber sie lassen sich verwinden. Wie viele Silhouettenmodelle sieht man, bei denen das Leitwerk in einer schnellen Rolle um einige Grade langsamer dreht als der Flügel. Das sieht nicht nur bescheiden aus, es bringt im 3-D-Flug auch einige Ungenauigkeiten mit sich, die absolut unerwünscht sind.

Bei der ersten Shockflyer-Serie hat Ikarus dieses Problem mit zwei Balsa-Dreikantleisten gelöst, aber dieser Ansatz konnte nicht richtig überzeugen. Einerseits wiegt so eine Balsaleiste nun einmal etwas, andererseits nimmt die Verdrehsteifigkeit eher zu, wenn sich ein größerer Querschnitt ergibt. (Skizze 1)

Der logische Schritt war dann eine Querverstrebung mit einer Depronplatte, die Draufsicht und Seitenansicht diagonal verbindet. Je nach Geschmack und Anforderung kann man eine oder zwei dieser Platten vom Flügel zum Leitwerk ziehen und so dafür sorgen, dass der Rumpf die geforderte Stabilität bekommt. (Skizze 2)

Noch fester wird es, wenn man vier solcher Diagonalstreben anbringt, die dann die Draufsicht des Rumpfs komplett ersetzen. (Skizze 3) Die vier Diagonalen bilden ein extrem steifes Rohr, welches das Verwindungsproblem ein für alle Mal aus der Welt schafft. Außerdem kann man in diesem Rohr eine Menge Komponenten und Kabel verstecken. Freilich ist damit der Weg zum typischen Rechteckrumpf nicht mehr weit. Der Vorteil liegt dann mehr im geringeren Bauaufwand als im Gewicht.

Ganz wichtig ist es, beim Bau des Rumpfs darauf zu achten, dass keine Verzüge entstehen. Bei Silhouettenrümpfen sollte man daher immer erst einmal die Seitenansicht auf ein gerades Baubrett heften, eine Linie für die Draufsicht anzeichnen und sie dann genau auf diese Linie kleben. Erst wenn die Draufsicht sitzt, geht es an die andere Seite. Besser ist es noch, wenn man die Teile so schneidet, dass sie miteinander verzapft sind und keine Verzüge entstehen können. Egal welche Bauweise, ein gerader Rumpf ist das A und O eines sauber fliegenden Modells!

Für ein schnell zu bauendes Zweckmodell eignen sich Silhouettenrümpfe allemal. Deshalb sind sie wohl auch in der Indoor-Kunstflugszene so beliebt.

Der Knuffel, von Manuel Nübel konstruiert, ist eines der beliebtesten Silhouettenmodelle überhaupt. Der Bauplan ist über www.slowflyworld.de kostenlos erhältlich.

Rechteckrümpfe

Der Rechteckrumpf – mehr oder weniger ein eckiger Kasten aus geraden Depronplatten – wird den zuvor genannten Anforderungen

Der Rechteckrumpf des Mojito verbirgt sehr gut alle Einbauteile. Dadurch kommt das Modell dem Aussehen eines großen Flugzeugs schon näher.

an einen Modellflugzeugrumpf schon besser gerecht und ist daher wohl die beliebteste Grundform für Rümpfe aus Depron.

Für den Rechteckrumpf brauchen wir im Prinzip nur zwei Seitenansichten des Modells und zwei Draufsichten, die zu einem Kasten verklebt werden. Naja, ganz so einfach ist das auch wieder nicht, aber es schadet nichts, sich diese Teile schon einmal für den Zusammenbau zurechtzuschneiden. Bei der Draufsicht muss man dabei etwas aufpassen, denn durch die Wölbungen des Rumpfs ist das echte Bauteil etwas länger als die Draufsicht im Plan. Also ist es besser, erst einmal nur die Rumpfseitenwände auszuschneiden und mit den nötigen Spanten zu verbinden.

Bei einem Rechteckrumpf haben die Spanten zwei Funktionen. Einerseits halten sie die beiden Rumpfseitenwände auf Abstand, andererseits sind sie ganz wesentlich für die Verdrehsteifigkeit des Rumpfs verantwortlich. Wenn wir die Spanten aber schon haben, dann kann man sie auch gleich noch dafür benutzen, Motor, Tragfläche und Fahrwerk, also die Teile, die Kräfte auf den Rumpf übertragen, daran aufzuhängen, denn nirgendwo ist der Rumpf stabiler als im Bereich eines Spants.

Das Vermeiden von Verzügen ist bei Rechteckrümpfen ebenso wichtig wie bei einem Silhouettenrumpf, und beim Bau gilt es besonderes Augenmerk auf diesen Punkt zu legen. Das kann leider gar nicht oft genug gesagt werden. Bei den Modellen des Autors hat es sich bewährt, zuerst einmal komplett den rechteckigen Teil des Rumpfs zu bauen, insofern der Rumpf einen solchen hat. In den meisten Fällen lässt es sich einrichten, den mittleren Rumpfbereich, beim Hochdecker zum Beispiel den Teil unter dem Flügel, auf einer gewissen Länge rechteckig zu belassen. Wenn bereits dieser Bereich einen stabilen Kasten bildet, kann beim Rest auch nicht mehr viel passieren.

Wie gehen wir vor? Zunächst einmal werden auf einer Rumpfseite der vordere und der hintere Spant völlig rechtwinklig (!) aufgeklebt; wenn möglich wird auch noch ein waagerechter Zwischenboden eingesetzt. Sitzen diese Einbauteile fest, wird die gegenüberliegende Rumpfseite aufgeklebt, wobei darauf zu achten ist, dass sie wirklich überall genau rechtwinklig über der ersten Rumpfseite liegt. Dazu nimmt man besser einen Kleber, der noch Zeit für Korrekturen lässt, und

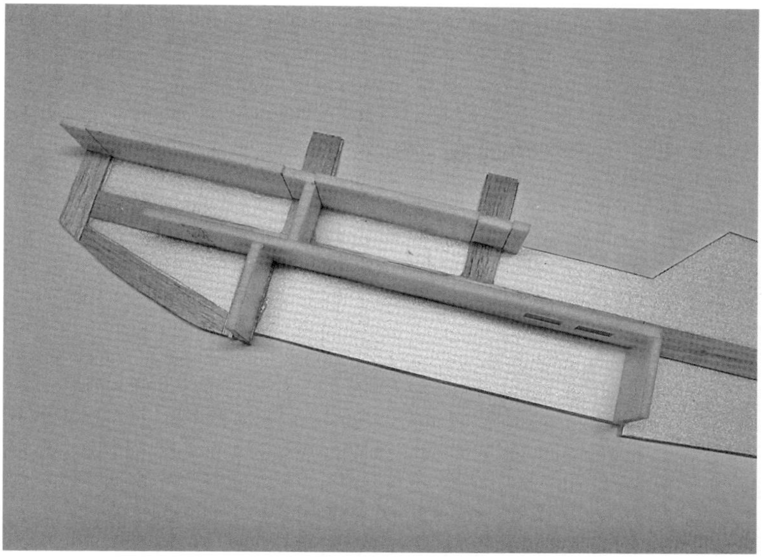

Das Innere eines Rechteckrumpfs mit den Spanten und der mittleren Aufbauebene, in der nachher die Servos sitzen.

prüft dann mit einem Winkel, ob die zweite Rumpfseite wirklich passend aufliegt. Dabei hat es sich auch bewährt, erst einmal an einem Punkt, am besten am vorderen Flächenspant, anzufangen und dort die obere Rumpfseite mit einer Nadel zu fixieren.

Wenn die Rumpfseiten vorher deckungsgleich waren, und das haben Sie doch hoffentlich geprüft, kann die zweite Seite jetzt nur noch verdreht über der unteren liegen. Und erst, wenn auch nach der zweiten Prüfung alles stimmt, wird der so entstandene Kasten bis zur vollständigen Trocknung des Klebers mit Nadeln oder einem Gewicht fixiert. Danach kommt der Rumpfboden in den mittleren Bereich, der seinerseits dazu beiträgt, dass dieser Teil des Rumpfs stabil ist.

Der Autor fährt dann mit der Rumpfnase fort, indem er den Motorspant zwischen die Rumpfseiten klebt. Die Verzugsfreiheit wird hier durch den Rumpfboden und den Rumpfrücken gesichert. Dazu sollte man die Teile

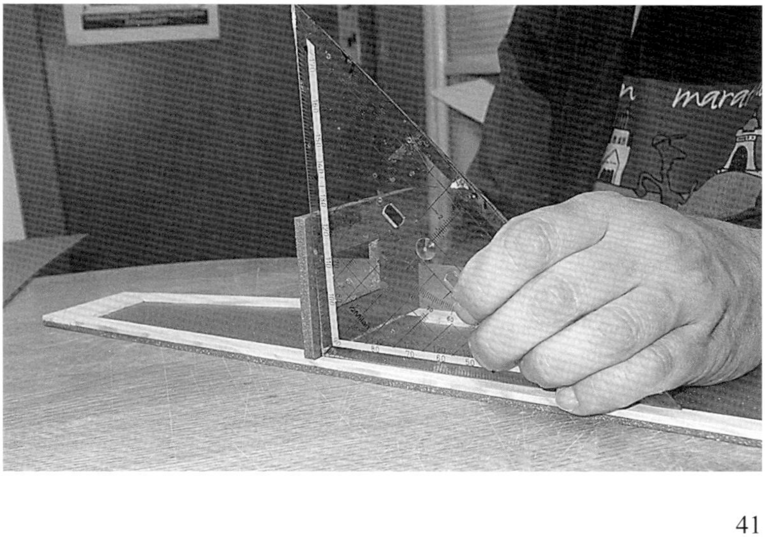

Nur wenn die Spanten wirklich senkrecht sitzen, lässt sich ein Rumpf verzugsfrei bauen.

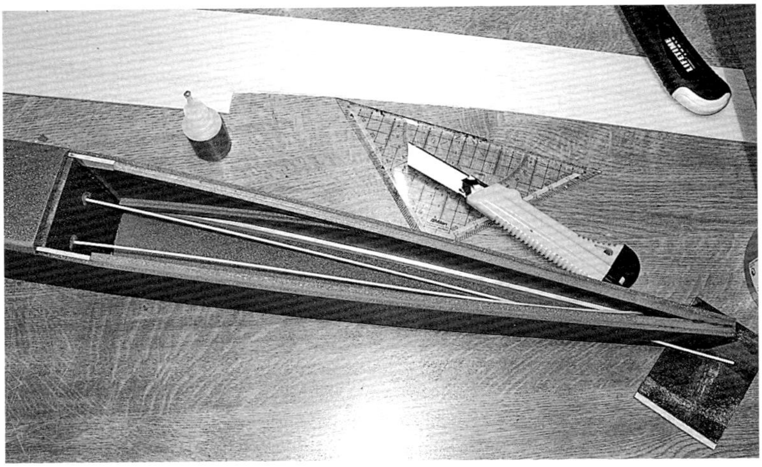

Vor dem Verschließen des Rumpfhecks unbedingt die Bowdenzüge einbauen und festkleben! Nachträglich würde das zu argen Verrenkungen führen.

gleich passend auf Maß schneiden und die Zuspitzung gleichmäßig berücksichtigen. So kann auch hier nichts schief gehen.

Das Rumpfheck kommt zuletzt an die Reihe. Achtung, bitte denken Sie vor dem Verschließen des Hecks an die Ruderanlenkungen. Bei Bowdenzügen sollten die Außenrohre früh genug eingeklebt und gesichert werden, und wenn die Ruder mit Schubstangen oder Seilen angelenkt werden, müssen die passenden Öffnungen ebenfalls vorher berücksichtigt sein, sonst ist nachher die Stimmung in der Bastelstube auf dem Tiefpunkt.

Wenn all diese Arbeiten sorgfältig durchgeführt wurden, halten wir nun einen leichten, verdrehsteifen und formschönen Rumpf in Händen, in den wir alle Einbauten gut versteckt montieren können.

Natürlich gibt es auch Sonderformen des Rechteckrumpfs. Dazu seien nur die Rechteckrümpfe mit einem aufgesetzten runden, dreieckigen oder trapezförmigen Rücken erwähnt. Der Fantasie sind hier keine Grenzen gesetzt und mit etwas Übung gelingen sogar schön runde Motorhauben für vorbildähnliche Modelle mit Sternmotoren.

Faltrümpfe

Eine interessante Sonderform des Reckeckrumpfs ist der gefaltete Rumpf, dessen Hauptteil nur aus einer einzigen Platte besteht. Dazu nehmen wir, wie bei einem Bastelbogen aus Papier, alle vier Rumpfansichten, also rechts, links, oben und unten, und zeichnen sie, indem wir sie aneinander grenzen lassen, auf eine Platte. Beginnend mit, zum Beispiel, der rechten Rumpfseite, setzen wir daran die hintere Rumpf-Draufsicht als einen Keil und daran dann wieder die linke Rumpfseite. Die Draufsicht im Mittelbereich bildet bei einem Hochdecker der Flügel, und den vorderen Teil lassen wir bei dieser Geschichte erst einmal außer Acht.

Der Rumpfboden wird jetzt fiktiv in der Mitte geteilt und an die beiden Rumpfseiten gesetzt. Dort wird der Rumpf nachher zusammengeklebt.

Nun lässt sich Depron aber nicht wie Papier knicken und wir müssen uns hier etwas einfallen lassen. Da hilft eine Technik, die wir nachher auch noch einmal bei den Scharnieren sehen werden und die dort genauer erläutert wird. Wir schneiden nämlich an den Rändern der Teile jeweils von innen eine V-förmige Nut in das Depron, die fast bis an die Außenkante reicht. Mutige Modellbauer nehmen dann den Rumpf und falten ihn wirklich rechtwinklig, weniger Mutige kleben von außen einen Tesastreifen über die Knickkanten, bevor der Rumpf zu einem Kasten gebogen wird. Wenn

Der Stardust hat im Prinzip einen Rechteckrumpf, aber oben sind die Seiten nur zu einem Dreieck zusammengebogen.

man die Tesa-Streifen anschließend anschleift und überlackiert, fallen sie auch beim fertigen Modell kaum auf und geben dem Rumpf eine enorme Zähigkeit.

Die ganze Geschichte bekommt dann in den Knicken etwas Klebstoff zum Fixieren und wird anschließend in der Mitte zusammengeklebt. So hat der Rumpf auf der gesamten Länge der Unterseite nur noch eine fast unsichtbare Naht.

Offen gestanden, einfach ist das nicht, aber es ist eine ganz interessante Sache für den, der sich mit den anderen Bauweisen schon ganz gut auskennt. Wirkliche Vorteile hat diese Bauweise, so gut sich das hier auch anhörte, aber leider nicht.

Rümpfe aus gebogenen Platten

Wenn wir schon dabei sind, eine Abwicklung unseres Rumpfs zu machen, können wir natürlich auch darüber nachdenken, die Teile nicht nur zu knicken, sondern als Ganzes zu biegen. Solange der Biegeradius nur groß genug ist, kann man 3-mm-Depronplatten in Faserrichtung recht gut biegen, aber irgendwann ist es dem Material dann auch genug und es bricht von einem Moment zum anderen.

Wie schon einmal erwähnt, hat Depron zwar keine stark ausgeprägte Faserrichtung, aber durch das Extrudieren des Materials ist durchaus eine Faserung vorhanden, die immer entlang der langen Seite der Depronplatte verläuft. Wenn man also Depron biegen will, dann sollte die Biegerichtung auch entlang der Faserrichtung verlaufen. Besser ist in dieser Hinsicht natürlich Selitac, das Trittschalldämmungsmaterial auf Rollen, denn es hat eine extrem ausgeprägte Faserung und lässt sich auch quer zur Wickelrichtung locker um einen Bleistift biegen.

Bei Depron lässt sich die Biegung noch verbessern, wenn man eine Seite mit einem gut haftenden Klebeband beklebt, wie es zum Beispiel bei der Pitts von Simprop der Fall ist. Hier ist die Außenseite des Rumpfs mit einer dünnen Folie kaschiert und sorgt so dafür, dass das Material beim Biegen nicht bricht.

Apropos Abwicklung, wer hierzu noch Anregungen sucht, sollte sich einmal bei den Papiermodellbauern umsehen. Unter www.papiermod.de gibt es deutsche Modelle und unter www.fiddlersgreen.net gibt es viele internationale Baupläne für Papierflugzeuge, die man sehr gut als Vorlage für eine eigene Rumpfabwicklung benutzen kann.

Tiefgezogene Rümpfe

Das Tiefziehen von Depronteilen ist nun die ganz hohe Kunst, die nur wenige Bastler wirklich beherrschen. Mit professionellen Maschi-

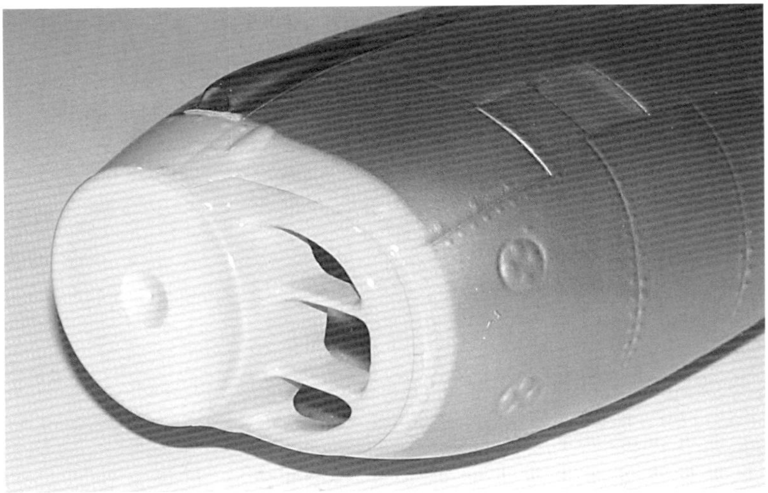

Tiefziehteile unter sich. Die Rümpfe der Lightning sind aus tiefgezogenem Depron, die Nase mit den Lufteinlässen ist aus tiegezogenem ABS. So perfekt findet man das allerdings sonst nur selten.

nen und entsprechendem Aufwand bei den Formen ist das Tiefziehen von Depron kein Problem und wird in großen Stückzahlen jeden Tag praktiziert. Gerade als Lebensmittelverpackung kommt ein depronähnliches Material täglich zum Einsatz, aber das hilft uns Modellbauern kaum weiter.

Im Modellbau gibt es einige Firmen, die auch tiefgezogene Modelle aus Depron bauen, und man kann von den Bausätzen von Flying Styro Kit (FSK) oder Alfa, egal von wem sie nachher vertrieben werden, mit Fug und Recht von kleinen Meisterwerken sprechen. Daneben gibt es hierzulande noch einige Modellbauer, die mit einfacheren Mitteln Bausätze von Kunstflugmodellen mit tiefgezogenen Rümpfen anbieten. Diese Teile werden dann aber immer noch recht aufwendig auf einfachen Maschinen tiefgezogen, die sich ein Modellbauer auch selbst herstellen könnte.

Im Prinzip ist Tiefziehen ja auch kein Problem. Man nehme Plattenmaterial und erwärme es so lange, bis die Platte relativ weich ist. Dann lege man die Platte über ein Urmodell und ziehe die Luft darunter weg, bis sich die Platte an das Modell anschmiegt. Nach dem

Die Monsoon in voller Pracht. Durch die Tiefziehtechnik wirken Rumpf und Flächen sehr gefällig.

Abkühlen und dem Beschneiden der Ränder ist das tiefgezogene Teil auch schon fertig.

So weit, so gut. Das Problem beginnt aber schon mit dem Erwärmen der Depronplatte, denn Depron ist nun einmal ein sehr schlechter Wärmeleiter, deshalb eignet es sich ja so gut als Wärmedämmung, und das Tiefziehen klappt nur, wenn die Platte überall schön gleichmäßig warm ist. Dazu kommt noch das Problem, dass das Temperaturfenster zwischen „passend weich", „zu hart" und „geschmolzen" sehr klein ist und es also beim Erwärmen leicht zu Unfällen kommt. Außerdem sind da noch der Aufwand für die Urmodelle und die Formen sowie die Luftabsaugung, so dass man zu dem Schluss kommen muss: Das Tiefziehen lohnt sich bei Depron für den einzelnen Modellbauer wohl nicht.

Der Autor hat mit einigen Fliegerkollegen gesprochen, die es probiert haben. Die meisten sind gescheitert, bei wenigen hat es geklappt. Alle haben viel Zeit, Energie und Material in die Versuche gesteckt, und so kann man es den erfolgreichen auch nicht verübeln, wenn sie die Details ihres Wissens nicht ohne Weiteres preisgeben wollen.

Das hat mich dann auch bewogen, es dabei bewenden zu lassen und das Tiefziehen erst gar nicht zu probieren. Schließlich geht es dem Autor wie wohl den meisten Modellbauern ja auch nicht um eine Serienfertigung.

Mischbauweisen

Auf die richtige Mischung kommt es an! Das gilt in vielen Lebensbereichen und auch für das Flugzeugbauen aus Depron.

Kaum ein Modell ist wirklich nur aus Depron gebaut. Fast alle Modelle haben Verstärkungen oder ganze Teile aus andere Materialien. Da Depronmodelle in der Regel doch eher zur „leichten Fraktion" gehören, sollten die Verstärkungen oder die Materialien, mit denen kombiniert wird, aber auch selbst verhältnismäßig leicht sein. In der Regel handelt es sich dabei um leichte Hölzer, wie Balsaholz oder Kiefernleisten, oder auch um Rundstäbe, Rohre oder Profile aus CFK.

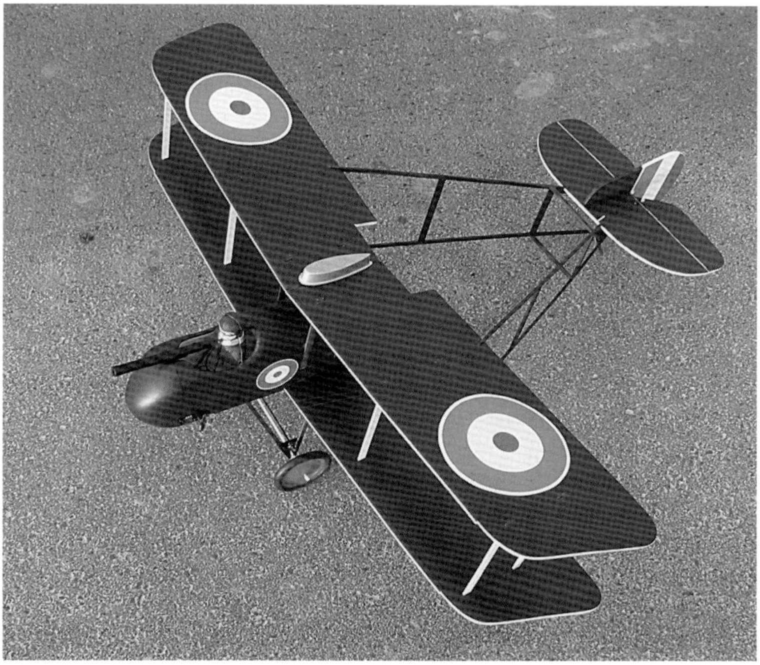

Die Airco DH2 von Kavan wirkt kaum noch wie ein Depronmodell. Geschickt konstruiert, mit einigen Tiefziehteilen vervollständigt und sauber lackiert, ist sie schon ein richtiges Flugzeug.

Wenn wir an die Rümpfe denken, dann ist es durchaus vorstellbar, ein Rumpfvorderteil aus Depronplatten zu bauen und den hinteren Rumpfteil aus Kiefernleisten, wie bei der Airco DH 2 von Kavan. Ein Fachwerk aus Balsaleisten oder ein einfaches CFK-Rohr als Rumpfhinterteil sind ebenso denkbar.

Umgekehrt kann es auch sinnvoll sein, das Rumpfvorderteil aus Balsa zu bauen und den hinteren Teil aus Depron zu machen. Balsaholz, richtig eingesetzt, ist kaum schwerer als Depron, aber dafür höher belastbar, und manche Formen lassen sich aus Balsaholz auch besser bauen als aus Depronplatten.

Wann immer wir so vorgehen, ist der Übergang von einem Material auf das andere die entscheidende Stelle. Es darf zu keiner Zeit außer acht gelassen werden, dass Depron nun einmal nicht punktuell belastbar ist. Wären bei der Airco die hinteren Rumpfseiten nur stumpf an die Flächen geklebt, würde auch die beste Landung in einer Katastrophe enden. Genau deshalb haben die Konstrukteure die Kiefernleisten ca. 15 mm weit in die Flächen eingelassen – schon ist die Klebefläche vervielfacht, und durch das Verzapfen haben wir eine belastbare Verbindung.

Wenn also ein Rumpfvorderteil aus Depron mit einem Balsafachwerk nach hinten verlängert werden soll, dann sollte man wenigstens zwei Leisten so weit wie möglich in das Depron hineinführen. Gleiches gilt für Rümpfe mit einem CFK-Rohr, das in mindestens zwei Spanten sitzen und auch im Spant durch eine Aufdoppelung des Materials gesichert werden sollte. Wenn ein Einlassen in das äußere Depron nicht möglich oder nicht sinnvoll ist, kann man die Schnittstelle auch im Inneren mit Aufdoppelungen verstärken.

Sinnvoll ist es allemal, über Mischbauweisen nachzudenken, egal ob es sich um die Verknüpfung von unterschiedlichen Depronbauweisen oder um die Verwendung von unterschiedlichen Materialien handelt.

Tragflächen und Leitwerke

Nachdem wir uns mit den Rümpfen befasst haben, können wir uns jetzt um die Tragflächen und die Leitwerke unserer Modelle kümmern.

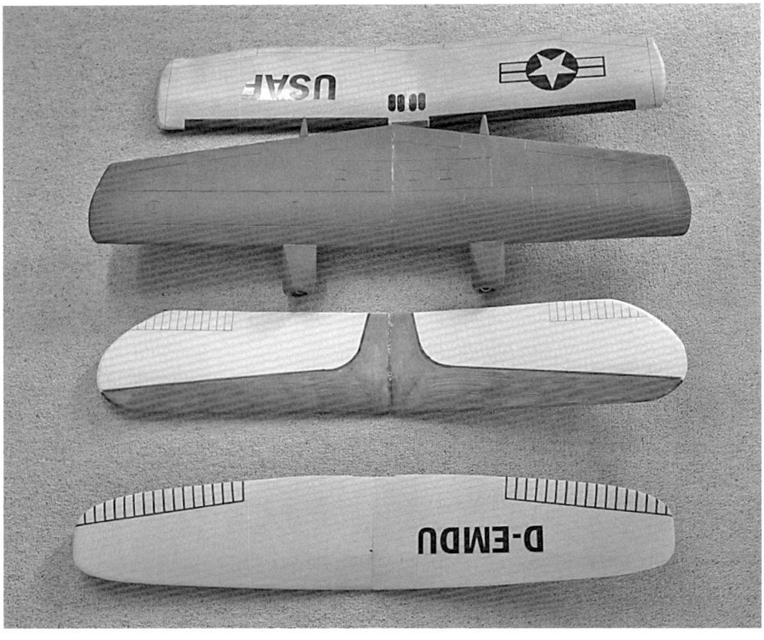

In der rippenlosen Bauweise sind auch schwierigere Flügelgeometrien einfach zu verwirklichen, wie diese Beispiele zeigen. Selbst vorbildähnliche Modelle lassen sich so ohne viel Aufwand bauen.

Auf den ersten Blick erscheint dieses Thema schon deutlich komplizierter, haben Form und Profil der Flächen und Leitwerke doch einen größeren Einfluss auf die Flugeigenschaften eines Modells als der Rumpf. Das soll an dieser Stelle aber nicht unbedingt im Vordergrund stehen, denn das ist eher ein Teil des Grundkonzepts eines Modells, und in erster Linie soll es hier ja jetzt um die Bauweise gehen. Freilich kann man die Form der Flächen und Leitwerke nicht ganz außer Acht lassen, denn unterschiedliche Modellkonzepte verlangen auch unterschiedliche Bauweisen. Abgesehen davon ist die Flächenbauweise natürlich auch davon abhängig, wie viel Arbeit wir uns mit dem Modell machen wollen. Da Depronmodelle tendenziell doch eher zu den einfachen Modell zählen, sind hier in den meisten Fällen auch Methoden gefragt, die schnell zum Erfolg führen.

Genug der Vorrede, fangen wir mit der einfachsten Bauweise an.

Gerade Platten

Wie schon bei den Rümpfen gehen wir hier zunächst von der einfachen Depronplatte ohne jegliche Biegung aus. Anfangs war für den Autor schwer zu verstehen, dass ein Modell mit einer einfachen Depronplatte als Flügel fliegt, aber spätestens die Ikarus-Shockflyer haben diese Bauweise hoffähig gemacht, und inzwischen kann man sich kaum noch vorstellen, dass man hin und wieder auch ein anderes Flächenprofil brauchen könnte, um Kunstflug mit leichten Modellen zu machen.

Aber es gibt ein kleines Problem, denn eine 3-mm-Depronplatte ohne jegliche Verstärkung oder Biegung ist definitiv zu schwach und trägt ganz sicher kein Modell. Deshalb brauchen wir Verstärkungen. Bei Shockflyern sind es Carbonprofile mit einem Querschnitt von 1 mm × 3 mm, die aufrecht vorn und hinten an den Flügel geklebt werden und für Stabilität sorgen. Diese Profile sind extrem stabil und extrem leicht, aber leider auch teuer und längst nicht überall verfügbar.

Alternativ kann man dem Depronflügel auch eine Nasen- und eine Endleiste aus 3 mm × 3 mm bis 3 mm × 5 mm hartem Balsa- oder Kiefernholz verpassen, die man vorn sogar abrunden kann und die dann hinten eventuell für die Querruder angeschrägt wird. Das wird billiger und 3-mm-Balsabrettchen gibt es in jedem Fachgeschäft. Mit etwas Mühe kann man ein 3-mm-Rundprofil auch vorsichtig in der Mitte teilen und die beiden Hälften dann vorn und hinten an das Depron kleben. Dieses 3-mm-Rundprofil kann man aber auch ganz lassen und in die Mitte des Flügels kleben. Auch so erreicht man eine gute Stabilität im Flug. Allerdings haben die Carbon- oder Balsanasenleisten doch einen entscheidenden

Der Kunstflugdoppeldecker des Autors. Ohne Streben ginge da so gut wie gar nichts, aber dafür kommen wir beim Doppeldecker oft ohne eine Verstärkung an der Nasenleiste aus.

Vorteil gegenüber dem mittigen Holm, denn sie schützen den Flügel bei Kollisionen mit festen Objekten wie Erdboden, Wänden, Hallendecken, Verkehrsschildern und ähnlichen störenden Gegenständen, die einem immer wieder in die Quere kommen. Und auch bei einem „Mid-Air", also einem Zusammenstoß im Flug, hat man mit einer festen Nasenleiste deutliche Vorteile. Die hier beschriebenen 3-mm-Tragflächen mit Verstärkung sind für Modelle bis ca. 250 g gut geeignet, wenn man auch noch eine Flächenverstrebung anbringt, aber das ist ein eigener Abschnitt, denn eine solche Verstrebung braucht man für fast alle Depronflächen. Gerade Flächen lassen sich ganz ohne CFK- oder Balsaholme bauen, wenn man 6 mm starkes Depron nimmt. Dieses Material lässt sich kaum noch biegen, und mit einer geeigneten Verstrebung ist es für Modelle bis 300 g gut einsetzbar. Dabei ist 6-mm-Depron ohne Verstärkung kaum schwerer als 3-mm-Depron mit Verstärkung. Das Gewichtsargument zieht also nur für die absoluten Grammfuchser.

Profilierte Flächen

Deutlich stabiler als ein flaches Depronbrett ist eine einfach gebogene Platte aus Depron, denn hier kommt der Faktor der Formstabilität hinzu. Allerdings lässt sich nur 3-mm-Depron kalt in eine Profilform bringen. 6-mm-Material ist dafür deutlich zu steif. Zum Biegen ist wieder die Faserrichtung des Deprons wichtig. Grundsätzlich muss die Querachse des Modells parallel zur Extrusionsrichtung, also zur langen Kante der Platte verlaufen, damit sich das Material einwandfrei biegen lässt. Das gilt für alle Flächenbauweisen, bei denen Depron gebogen wird.

Das Biegen an sich geht am besten über einer abgerundeten Kante. Der Autor bevorzugt die Vorderkante einer Küchenarbeitsplatte für diese Arbeit. Der Flügel wird mit leichtem Überstand auf die Arbeitplatte gelegt und dann vorsichtig mit den Handflächen über der Kante gebogen.

Dabei spielt auch die Wärme der Hände eine Rolle. Ist die Vorderkante gebogen, wird der Flügel um ca. 10 mm weiter vorgeschoben und wieder gebogen. So geht das weiter, bis man knapp zur Hälfte der Flächentiefe gekommen ist. Wenn der Flügel dann auf der Tischplatte liegt, sieht man deutlich ein Profil, dass der Oberseite eines Flugzeugprofils ähnelt.

Interessanterweise ist diese Verformung durchaus dauerhaft und benötigt nicht unbedingt weitere Rippen. Mit etwas Übung kann man so freihändig auch zwei gleiche Flügel erstellen, die man dann in der Mitte mit einem

Bei diesem Anfängermodell besteht der Flügel nur aus 3-mm-Depron, das durch Rippen in Form gehalten wird. Bei langsamen Parkflyern wäre er auch ohne Verstärkungen durchaus haltbar.

Schleifklotz anschrägt und V-förmig zusammenklebt. An dieser Klebestelle ist das Profil durch die Verklebung sogar dauerhaft fixiert. Ein so gebogener Flügel ist allerdings nicht sehr belastbar und maximal für langsame Modelle bis 100 g geeignet. Wird's schwerer oder schneller, brauchen wir Verstärkungen.

Einen enormen Effekt bringen da schon Depronrippen, die in einem Abstand von 100 mm unter das Profil geklebt werden. Sie fixieren einerseits wirksam das Flügelprofil und wirken Verzügen entgegen. Und durch das feste Profil kann der Flügel auch nicht mehr so leicht umschlagen und abknicken. Aber auch das hilft nur begrenzt. Die nächste Maßnahme sind wieder Kohleprofile oder Balsaleisten als Nasen- und Endleisten. Schon ein 2-mm-Rundprofil, vorn und hinten mit einem Streifen Tesa oder Strapping-Tape angebracht, macht einen gebogenen 3-mm-Depronflügel ausreichend stabil für ein Modell mit 350–400 g Abfluggewicht.

Ebenfalls sehr stabil sind Flügel, bei denen zwei 3-mm-Depronplatten im vorgebogenen Zustand aufeinandergeklebt sind. Durch die Materialstärke und den Kleber in der Mitte halten diese Flächen sehr gut ihr Profil, und die Klebeschicht in der Mitte fixiert noch zusätzlich. Die Verklebung macht man dabei am besten, preisgünstigsten und auch am leichtesten, indem man einen Baumwolllappen mit Verdünnung tränkt und dann dünn über die Klebeflächen reibt. Dadurch werden die Platten angelöst und man erzielt eine großflächige Verklebung. Nachdem die Verdünnung verflogen ist, bleibt kaum noch ein Mehrgewicht über. Am besten macht man diese Verklebung aber über einem Positiv, zum Beispiel einem Styroporflügel oder einem voll beplankten Holzflügel. Außerdem ist es unbedingt nötig, dass die beiden Teile ungefähr passend vorgebogen sind.

Die geraden Plattenflügel eignen sich am besten für einfache Indoor-Kunstflugmodelle oder Parkflyer mit 3-D-Ambitionen. Wenn der Flügel keinen Anstellwinkel zum Höhenleitwerk hat, erhält man so ein Modell mit sehr neutralen Flugeigenschaften, sowohl in der Normalfluglage als auch im Rückenflug. Unbestritten brauchen diese Modelle mehr Motorleistung, um sich in der Luft zu halten, da der Flügel eigentlich keinen aerodynamischen Auftrieb produziert. Hin und wieder streiten sich die Gelehrten sogar, ob diese Modelle eigentlich wirklich fliegen, aber der Zweck heiligt hier die Mittel und Hummeln können eigentlich auch nicht fliegen.

Die gebogenen Flächen produzieren anders als die geraden sehr viel Auftrieb, aber auch jede Menge Luftwiderstand bei erhöhter Geschwindigkeit. Ein gebogener Plattenflügel mit offener Unterseite ist das ideale Wiesenschleicherprofil bei wenig oder gar keinem Wind. Schnell fliegen geht nicht, und wenn der Wind weht, wird das Modell leicht verblasen. Um optimal zu fliegen, sollte der Flügel einen Anstellwinkel von ca. 1,5 Grad haben. Weniger bringt nichts, viel mehr bringt zwar einen erhöhten Auftrieb und damit eine geringe Fluggeschwindigkeit, aber der Widerstand nimmt auch enorm zu.

Interessanterweise stören die Rippen unter dem Flügel so gut wie gar nicht, auch das Aussehen leidet nicht unter den Rippen, so dass man sie durchaus vorsehen sollte. Diese Rippen kann man natürlich anhand erprobter Flugzeugprofile konstruieren, aber man kann sie auch „frei nach Schnauze“ entwerfen. Beim Autor haben sich dabei folgende Faustregeln bewährt:

- Die Rippenhöhe beträgt ca. 10 % der Flächentiefe.
- Die größte Höhe der Rippe reicht von ca. 30 % Flächentiefe bis zu 40 % als Plateau.
- Von der unteren vorderen Ecke bis zu ca. 30 % Flächentiefe oben eine gerundete Linie ziehen.
- Ab ca. 40 % Flächentiefe oben eine gerade Linie zum Rippenende unten ziehen.

Wenn das Profil „richtig“ aussieht, wird es auch richtig sein!

Depronflächen mit Vollprofil

So weit, so gut! Jetzt wissen wir also, wie man Tragflächen für Indoor-Modelle und leichte Parkflyer baut, aber bei 300 g ist ja noch lange nicht Schluss für die Depronbauweise. Auf Flugtagen gibt es hin und wieder sogar richtig große Depronmodelle mit Spannweiten bis über 4 m zu bewundern. Solche Flügel lassen sich mit den vorher beschriebenen Bauweisen dann aber wirklich nicht mehr realisieren. Einerseits gibt es da Probleme mit der notwendigen Festigkeit, andererseits braucht es auch andere Profile als eine ebene Platte oder eine gebogene Platte, denn solche Modelle wollen ja „richtig" fliegen, und auch bei etwas Wind sollte ein kontrolliertes Fliegen möglich sein.

Dazu brauchen wir Profile mit einer geschlossenen Unterseite, die deutlich weniger Luftwiderstand haben als ein unten offener Flügel und die auch richtigen Auftrieb erzeugen. Machen wir uns dabei jedoch nichts vor: Die modernen Hochleistungsprofile aktueller Segelflugmodelle brauchen eine völlig glatte Oberfläche und eine 100-prozentige Profiltreue im Bereich von Zehntelmillimetern, um auch wirklich die errechneten Flugleistungen zu erbringen! Das ist mit Balsaholz schon schwer und mit Depron fast gar nicht zu erreichen, es sei denn man betreibt einen enormen Aufwand.

Vergessen wir dieses Feld also und konzentrieren wir uns auf relativ langsame Motorflugzeuge oder richtige Thermikschleicher. Hier ist die Profiltreue nebensächlich und die leicht raue Oberfläche des Deprons sorgt sogar dafür, dass man schön langsam fliegen kann. Früher hat man die Tragflächen erst glatt poliert und dann mit Haarspray wieder aufgeraut. Das ist bei einem Depronflügel nicht nötig.

Langsame Motormaschinen fliegen in den meisten Fällen mit einem Profil, das eine nahezu gerade Unterseite hat, die dann aus Gründen des einfacheren Aufbaus sogar komplett begradigt wird. „Clark Y mod." oder „Eppler 205 mod." liest man dann in den Ka-

Sie sieht wie eine Spitfire aus, ist aber trotzdem „nur" aus Depon gebaut. Die Modellbauer bei Flying Styro Kits zeigen, dass sie ihr Handwerk verstehen und außerdem ein Faible für Warbirds haben.

Beim Albatros verstärkt transparentes Klebeband die Nasenleiste und schützt zudem die Flügelmitte gegen Druckstellen durch die Flächengummis.

talogen als Profilangabe, und alle schweigen geflissentlich, worin die Modifikation besteht.

Das können wir doch auch, oder?

Also nehmen wir wieder die schon einmal beschriebenen Musterrippen und kleben sie einfach im bekannten 10-cm-Abstand auf eine gerade 3-mm-Depronplatte. Dann nehmen wir eine weitere Depronplatte, die aber etwas breiter ist, und biegen sie genauso über der Kante der Küchenarbeitsplatte wie bei einem unten offenen Flügel. Anschließend wird diese gebogene Platte mit dickflüssigem Styro-Zack oder Weißleim auf die Rippen geklebt und der Kleber trocknen gelassen. Am besten nimmt man zusätzlich einen Versandhauskatalog oder einen halben Jahrgang Modellbaumagazine

Und so sieht's im Albatros innen aus. Der Holm ist schon an Ort und Stelle und der Einschnitt an der Nasenleiste auch schon gemacht.

und beschwert die obere Beplankung, bis der Kleber getrocknet ist. Bei Sekundenkleber ist das rund eine Stunde, bei Weißleim auch schon mal ein ganzer Tag.

Das Resultat ist ein holmloser Flügel, der trotz des fehlenden Holms enorm stabil ist. Das Profil nennt sich „XXX mod." und fliegt genauso gut wie ein Clark Y oder Eppler 205, solange wir es für ein relativ langsam fliegendes Modell einsetzen. Allein durch die Formstabilität ergibt sich eine erstaunliche Festigkeit, die für die meisten Modelle ausreicht.

Die Nasenleiste kann man nun etwas aerodynamisch anschleifen und dann mit einem breiten Klebeband, zum Beispiel mit Paketband, umkleben. Es muss ja nicht gerade das braune Band sein. Es gibt auch sehr gutes transparentes Klebeband. Wer mag, kann auch die Hinterkante etwas ausschleifen und mit Klebeband fixieren.

Für den Randbogen gibt es ebenfalls diverse Möglichkeiten. Im einfachsten Fall schneidet man die beiden Beplankungen rund und klebt sie dann mit Uhu-Por zusammen, aber man kann natürlich auch eine oder mehrere Depronscheiben aufrecht an den Randbogen kleben und verschleifen. Ein weitere Möglichkeit sind schräge Tragflächenohren, die in einem Winkel von ca. 30 Grad aus 6-mm-Depronplatten an die profilierten Flächen gesetzt werden. Wie der später beschriebene Albatros zeigt, kommt man bei Verwendung dieser Ohren sogar bei einem nur seitenrudergesteuerten Modell ohne weitere V-Form aus.

Bei Modellen mit mehr als 150 cm Spannweite kann man die Grundplatte auch aus 6-mm-Depron machen, um eine größere Festigkeit zu erreichen, aber die obere Beplankung bleibt in jedem Fall aus 3-mm-Depron.

Dies war die holmlose Bauweise, kommen wir jetzt zu der rippenlosen Bauweise.

Das klingt erst einmal verrückt, denn schließlich sind die Rippen doch für das Profil des Flügels verantwortlich. Und ohne ein richtiges Profil ...? Doch es geht! Profil hin, Profil her, Auftrieb soll er bringen, der Flügel, und nichts anderes!

Wir beginnen wie eben mit einem platten Depronbrett mit 3 oder 6 mm Stärke, das so groß ist wie der Grundriss des Flügels. Auf diesem Brett zeichnen wir nun bei ca. 35 % der Flächentiefe eine Linie ein, auf die nachher der Holm gesetzt wird. Dessen Dimensionen richten sich nach der Größe und dem Gewicht des Modells und natürlich nach der gewünschten Festigkeit des Flugzeugs. Bei 20 cm Flächentiefe und ca. 120 cm Spannweite reicht ein 15 mm breiter Streifen aus 3-mm-Depron aus, wenn das Modell noch eine Verstrebung bekommt. Mit 6-mm-Depron wird es dann schon stabiler, und 3-mm-Balsa als Holm sorgt für einen unzerstörbaren Flügel, der im Flug nicht mehr brechen wird, solange das Modell nicht deutlich mehr als 700–1.000 g wiegt. Wird die Spannweite größer, darf es auch mehr sein, wobei man dann auch mit nach außen abnehmenden Holmstärken arbeiten kann. Auf den äußeren zehn Prozent der Spannweite brauchen wir dann ohnehin keinen Holm mehr. Bei geteilten Flächen aber wird der Holm in der Mitte auch als Aufnahme der Flächensteckung genutzt.

Überhaupt ist der Holm das tragende Element des Flügels, an dem alle Teile befestigt sind, die etwas mit Stabilität zu tun haben. Das sind im Besonderen die Befestigung der Flächen am Rumpf, die eben erwähnte Flächensteckung, eventuell eine Schleppkupplung, die Verstrebungen und bei mehrmotorigen Modellen auch die Motorgondeln. Die Depronteile sind in diesem Fall nur noch formgebende Elemente, die mit der Stabilität nichts mehr zu tun haben.

Der fertige Holm wird also auf der vorgezeichneten Linie auf die untere Beplankung geklebt. Danach wird wieder die vorgebogene obere Beplankung auf die Flächen geklebt. Dabei sollte man darauf achten, dass die Vorwölbung einigermaßen gleichmäßig über die gesamte Spannweite verläuft und bei geteilten Flächen beide Hälften ungefähr die gleiche

Wölbung haben. Mit etwas Übung ist das aber einfacher, als man annehmen möchte. Nach dem Verkleben unter Druck können dann Nasen- und Endleiste wieder mit Klebeband verstärkt werden, und hinsichtlich des Randbogens gilt das zuvor Gesagte.

Natürlich lassen sich die beiden beschriebenen Methoden auch kombinieren, indem man an den Flügel Holm und Rippen baut. Ebenfalls denkbar: ein Flügel mit Holm und Formrippen nur im vorderen Drittel des Flügels. Der absolute Favorit des Autors ist aber die einteilige Beplankung, die um die Nasenleiste herumgezogen wird. Grundlage ist hier eine Depronplatte, welche die Länge der Spannweite des Flügels oder Flügelteils hat, aber etwas mehr als die doppelte Flügeltiefe breit ist.

Zuerst wird entlang der späteren Außenseite ein breiter Klebebandstreifen aufgeklebt, dessen Mitte in der Plattenmitte verläuft. Dann wird die Platte umgedreht und von hinten bei ca. 65 % der Flächentiefe der Flügelgrundriss sowie eine Linie für den Holm aufgezeichnet. Die Nasenleiste wird ebenfalls aufgezeichnet. Jetzt schneiden wir mit Hilfe eines Lineals und mit dem schräg gehaltenen Messer von beiden Seiten entlang der Nasenleiste ein, bis sich eine V-förmige Nut ergibt. Die Nut sollte aber nur 1,5–2 mm tief sein, also bestimmt nicht ganz durch das Depron gehen. Durch diese Nut kann man dann mit einem Rundholz oder einem Kugelschreiber ohne Mine entlangziehen, um das restliche Material plattzudrücken. Nun wird die Platte im vorderen Bereich auf dem Baubrett fixiert und der Holm aufgeklebt. Wenn der Holm festsitzt, biegen wir einmal probeweise den freien Teil der Platte so weit um, dass er im Bereich der Endleiste wieder auf dem Baubrett liegt, und prüfen den Sitz im Bereich des Holms und die Biegung der Nasenleiste. Dabei immer schön mit der flachen Hand auf die Platte drücken, um punktförmige Belastungen zu vermeiden. Wenn alles zur Zufriedenheit passt, folgt wieder das Kleben der Flächenschale mit langsam trocknendem Kleber. Der Vorteil dieser Bauweise ist die schön runde Nasenleiste, die durch das Klebeband auch sehr stabil wird. Außerdem hat der Schleifklotz hier Ruhe und macht keinen lästigen Staub.

Der Bau einer komplett profilierten Tragfläche mit einer der beschriebenen Methoden ist locker an einem Bastelabend zu schaffen. Auch das ist ein Vorteil des Depronbauens. Außerdem braucht es keine aufwendigen Formen oder Schneideinrichtungen, was die Erbauer von Einzelmodellen freut. Lediglich ein gerades Baubrett sollte vorhanden sein, um Verzüge von vornherein auszuschließen.

Tiefgezogene Flächen

Mit dem Tiefziehen von Tragflächen ergeht es uns wie mit dem Tiefziehen der Rümpfe: Wir brauchen wieder ein Negativ, in welches das erwärmte Depron hineingezogen wird. Das

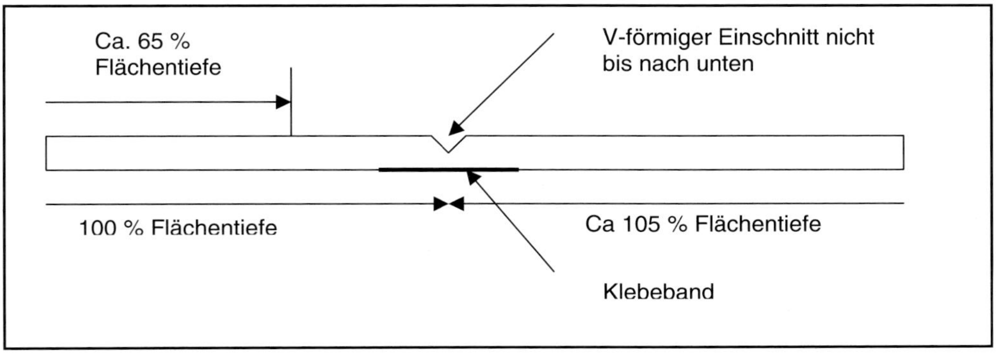

Wohl dem, der eine Tiefziehmaschine hat und damit umgehen kann. Die Profis schaffen es sogar, Beplankungsstöße und Nieten anzudeuten. Die Lightning ist so ein Meisterwerk. Dem Amateur ist das wohl nicht vergönnt.

lohnt sich für ein einzelnes Modell kaum, in der Serie ist es dagegen sinnvoll.

Waren die eben beschriebenen Bauweisen eher für Tragflächen mit gerader Unterseite geeignet, dann sind Tiefziehteile eher für Modelle mit vollsymmetrischem Profil geeignet. Dazu werden dann wie bei den Rümpfen rechts und links jeweils zwei Halbschalen miteinander verklebt, und allein durch die Formstabilität der Tiefziehteile ergibt sich schon eine gute Festigkeit, die man aber mit Holmen noch deutlich steigern kann. Idealerweise kommt man bei einem vollsymmetrischen Profil sogar mit nur einer Form aus, da alle vier Flächenteile gleich sein dürfen. Außerdem braucht man sich um die Randbögen keine Sorgen zu machen, denn auch sie werden gleich in der Form gezogen.

Wer sich einmal die Mühe macht, eine Vorrichtung zum Tiefziehen und eine Negativform zu bauen, kann später schnell und einfach kleine Serien auflegen, aber – es wurde schon gesagt – für den Einzelbau lohnt sich der Aufwand wie bei den Rümpfen in den seltensten Fällen.

Sonderfall Doppeldecker

Doppeldecker werden gern als Vorbild für Slow-und Parkflyer, also die typischen Depronmodelle genommen, denn einerseits sind es dankbare und gut aussehende Modelle, andererseits kann man mit der besonderen Statik eines Doppeldeckers sehr schön leichte Modelle bauen. Schon die ersten Flugpioniere sind schnell darauf gekommen, dass man bei zwei Tragflächen deutlich weniger

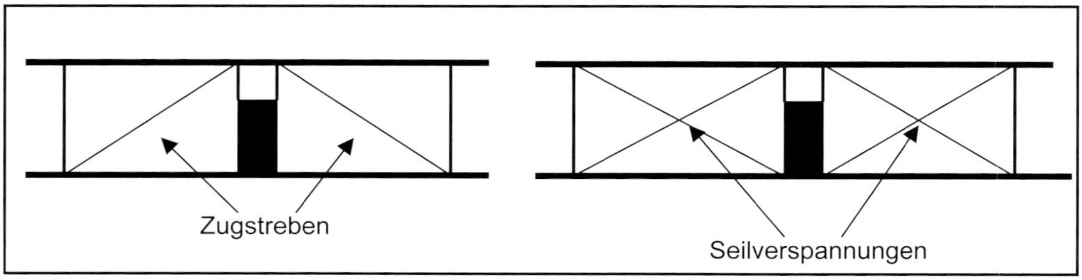

schwere Elemente einbauen muss, die nur der Festigkeit des Flugzeuges dienen, als bei Eindeckern.

Wenn wir eben noch festgestellt haben, dass eine einfache Depronplatte nur sehr wenig eigene Stabilität hat und daher als Tragfläche ohne Verstärkungen nur bedingt geeignet ist, dann reicht es bei einem voll kunstflugtauglichen Doppeldecker mit 90 cm Spannweite doch aus, zwei unverstärkte 3-mm-Depronplatten als Flügel zu nehmen. Der Clou ist hier die Verspannung oder Verstrebung der Flächen, die beide Flächen zusammen stabilisiert. Nimmt man eine starre Strebe, zum Beispiel einen 2-mm-CFK-Stab, dann reicht eine einzige Strebe pro Seite, die durch das Depron hindurch mittig von unten nach oben führt, um die Hauptlast des Auftriebs als Druck aufzunehmen. Lediglich bei negativen Flugfiguren wird das Depron mit der Strebe auf Zug belastet.

Soll es eine Verspannung mit Fäden sein, dann muss sie über Kreuz gehen, um die Flügel sowohl bei negativen Belastungen als auch bei positiven Kräften zu stabilisieren.

Leitwerke

Das Höhenleitwerk

Ist der Aufbau einer Tragfläche aus Depron, gleich welcher Bauweise, schon recht einfach, so sind die Leitwerke noch einfacher aufgebaut. Selbst bei anderen, viel aufwendigeren Bauweisen macht man sich selten die Mühe, dem Leitwerk ein Profil mit auf den Weg zu geben. Die ebene Platte reicht in den meisten Fällen aus, und wenn man sich überhaupt viel Arbeit macht, dann nur, um an strategisch entscheidender Stelle Gewicht einzusparen.

Depron als Plattenmaterial ist aber so leicht, dass man mit einer bespannten Rippenbauweise auch keinen entscheidenden Vorteil hat, und so kann man dann gleich zur einfachen, ungebogenen Platte greifen. Die Materialstärke kann dabei 3 mm oder 6 mm betragen, das ist von der Größe des Modells und dessen Gewicht abhängig. Ab ca. 40 cm Höhenruderspannweite ist 3 mm starkes Depron seinem eigenen Gewicht kaum noch gewachsen und will sich immer nach unten durchbiegen. Dagegen helfen Verstärkungen

Das Leitwerk der Cherokee. Die folienbespannten Depronteile halten auch ohne Verstrebungen. Schade nur, daß sich die Teile durch die Bespannung etwas verzogen haben. Auf das Flugverhalten hat das allerdings keine Auswirkungen.

aus CFK-Profilen oder aus Holzleisten, wie bei den einfachen Flügeln, aber oft ist es einfacher und genauso leicht, dann gleich 6-mm-Depron zu nehmen, das ausreichend formstabil ist.

Gerade bei Höhenleitwerken kann eine Biegung des Leitwerks kritisch werden, da die Scharnierachse unbedingt gerade bleiben muss, sonst droht Schwergängigkeit des Ruders und damit reichlich Ungemach im Flug. Deshalb ist unbedingt darauf zu achten, dass sich das Höhenruder auf keinen Fall verziehen kann. Aus diesem Grund setzen kommerzielle Hersteller bei vielen Modellen zwischen das starre Leitwerk und das bewegliche Ruder entweder eine Balsaleiste oder einen Kohlestab. Die leichtere Alternative dazu sind dünne CFK-Rundstäbe, die auf beiden Seiten als Verstrebung zwischen Höhen- und Seitenleitwerk gesetzt werden. So kann man zwei Fliegen mit einer Klappe schlagen und auch dem Seitenleitwerk, dass meistens stumpf auf den Rumpfrücken geklebt wird, zusätzlichen Halt verleihen. Die „Großen“ machen es übrigens auch nicht anders, also ist das sogar bei vielen

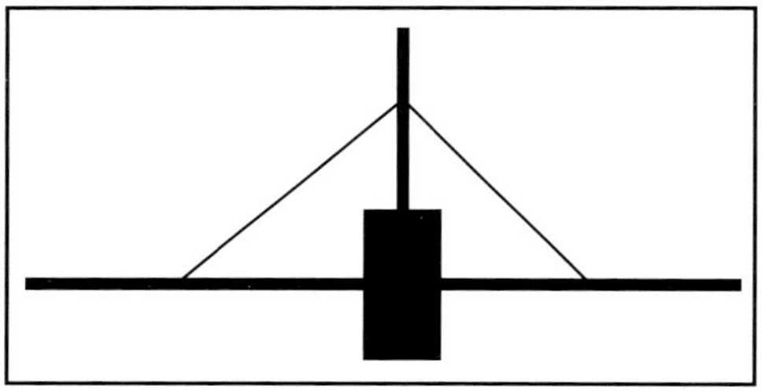

vorbildgetreuen Modellen durchaus legitim. Da wir die Ruder noch separat behandeln wollen, lassen wir es an dieser Stelle mit dem Höhenleitwerk bewenden und kümmern uns nun um das Seitenleitwerk.

Das Seitenleitwerk

Bei den meisten Flugzeugkonstruktionen wird das Seitenleitwerk noch mehr stiefmütterlich behandelt als das Höhenleitwerk, da es als nicht sicherheitsrelevant angesehen wird. Gerade bei Indoor-Modellen ist das aber sträflich, denn hier ist es fast wichtiger, als es die Querruder sind, da Kurven fast nur mit dem Seitenruder geflogen werden.

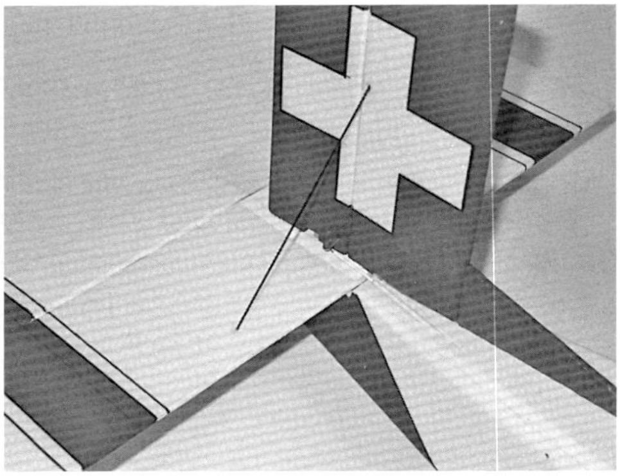

Das Leitwerk einer großen Pilatus Porter mit 200 cm Spannweite. Die Strebe dient hier aber nicht nur der Verstärkung, sie ist auch ein wirksamer Abweiser für F-Schlepp-Leinen.

Im Stand ist alles ganz einfach, denn die Schwerkraft wirkt auf dieses senkrechte Element noch weniger als auf Flügel und Höhenleitwerk, und Verstärkungen erscheinen wirklich unnötig. Trotzdem kann es nicht schaden, analog zum Höhenleitwerk auch hier eine Balsaleiste zwischen Leitwerk und Ruder zu setzen, um mehr Stabilität zu erreichen. Außerdem ist eine feste Verbindung zum Rumpf natürlich auch sehr wichtig.

Bei kleinen und leichten Modellen reicht es aus, das Seitenleitwerk stumpf auf den Rumpfrücken zu kleben, aber es ist immer besser, eine Verzapfung mit dem Rumpf, zum Beispiel durch die Leiste, herzustellen; die Alltagstauglichkeit des Modells wächst deutlich. Die schon erwähnte Verstrebung mit dem Höhenleitwerk ist natürlich auch immer eine überlegenswerte Option. Auf jeden Fall zu beachten ist, dass beide Leitwerke gerade zum Rumpf und zur Fläche ausgerichtet werden müssen, bevor sie verklebt werden. Mit schiefen Leitwerken kann man nicht vernünftig fliegen, aber das wussten Sie ja schon!

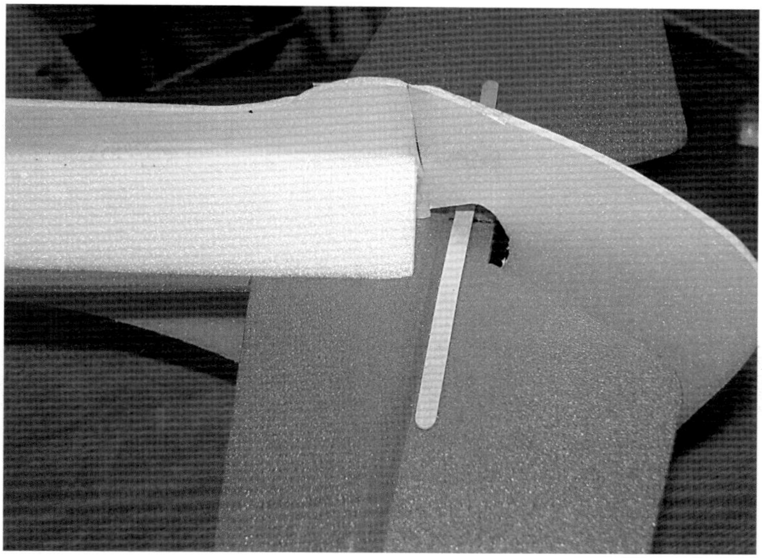

Beim Kunstflugmodell Caro verstärkt diese Holzleiste das sonst sehr schwache Mittelstück des Höhenruders.

Das Ruder

Im strengen Sinne sind die Leitwerke die starren Teile und die Ruder die beweglichen Teile am Heck des Modells, daher die Differenzierung in Leitwerke und Ruder. Doch bei den Rudern dürfen wir auch die Querruder an den Flächen nicht vergessen.

Die Ruder werden von den Servos über die Anlenkungen bewegt und sorgen so dafür, dass wir die Flugbahn unseres Modells beeinflussen können. Ohne Ruder könnten wir also auch gleich den Sender wegwerfen und Freiflugmodelle bauen. Das heißt, die Servos sorgen dafür, dass die Ruder in den Luftstrom gestellt werden und diesen umleiten. Dafür müssen die Ruder ausreichend stabil und verwindungssteif sein, ansonsten passiert nichts. Bei den kleinen Ruderflächen eines Anfängermodells ist das eigentlich nie ein Problem, aber die großen Paddel eines 3-D-Kunstflugmodells können hier leicht zu einem Problem werden. Man muss also auf die Faserrichtung des Deprons achten, die immer in Flugrichtung verlaufen sollte. Nur so ist eine ausreichende Steifigkeit und Verzugsfestigkeit gesichert. Wichtig ist auch, dass die Ruderhörner der Servogestänge großflächig mit dem Ruder verklebt sind, um die Servoausschläge auch wirksam an die Ruder weiterzuleiten. Hierauf kommen wir aber auch noch einmal im Abschnitt 10.3: Fernsteuerung und Ruderanlenkungen, zurück.

Der andere wichtige Punkt ist das Scharnier, also die Verbindung des Ruders zum Flügel oder zum Leitwerk. Leichtgängig und spielfrei soll diese Verbindung sein, damit die Ruderausschläge präzise und schnell erfolgen können.

Die Scharniere

Eigentlich könnten wir den Scharnieren ein eigenes Kapitel widmen, denn hier gibt es viele Wege zum Ziel, aber da die Scharniere nun einmal die Verbindung zwischen Tragflächen und Leitwerken einerseits und den Rudern andererseits bilden, können wir uns auch an dieser Stelle schon einmal mit diesem Thema befassen.

Leichtgängig sollen Scharniere sein, aber auch spielfrei und präzise. Und wir wollen möglichst nicht einen ganzen Bastelabend damit verbringen, um ein paar Ruder am Modell anzubringen. Der Bauaufwand soll sich in Grenzen halten, und die Leichtbaufreunde

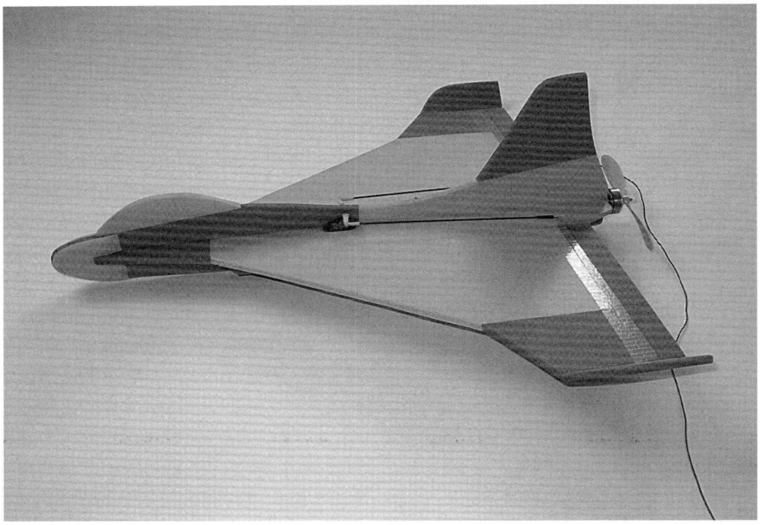

Beim Delta ist das Scharnier aus 19 mm breitem Strapping-Tape gut sehen. Das ist eine der dauerhaftesten Methoden der Scharnierbefestigung; sie hält auch hohen Geschwindigkeiten stand.

wünschen sich zudem noch ein möglichst geringes Gewicht. Eine ganze Menge Anforderungen also, und so vielfältig wie die Anforderungen sind dann auch die Möglichkeiten.

Ganz einfach können wir es uns machen und im Modellbauladen nach Scharnieren schauen, die wir auch prompt finden – freilich zu Preisen, die manchmal atemberaubend sind. Die kleinen Kunststoffscharniere mit Metallachse, die wir aus den „konventionellen“ Modellen kennen, kann man natürlich auch im Depronmodell einsetzen. Dazu wird dann die Depronplatte möglichst mittig eingeschlitzt und das Scharnier vorsichtig mit wenig Kleber im Schlitz verklebt – nur mit wenig Kleber, um zu vermeiden, dass er nachher das Scharnier verklebt und in seiner Funktion beeinträchtigt.

Noch besser sind da die Kunststoffscheiben ohne bewegliche Teile, die ebenso in die geschlitzten Depronplatten gesetzt werden. Man kann entweder entsprechende Teile kaufen oder sie aus dünner Plastikfolie selbst schneiden. Auch die gekauften sind für die

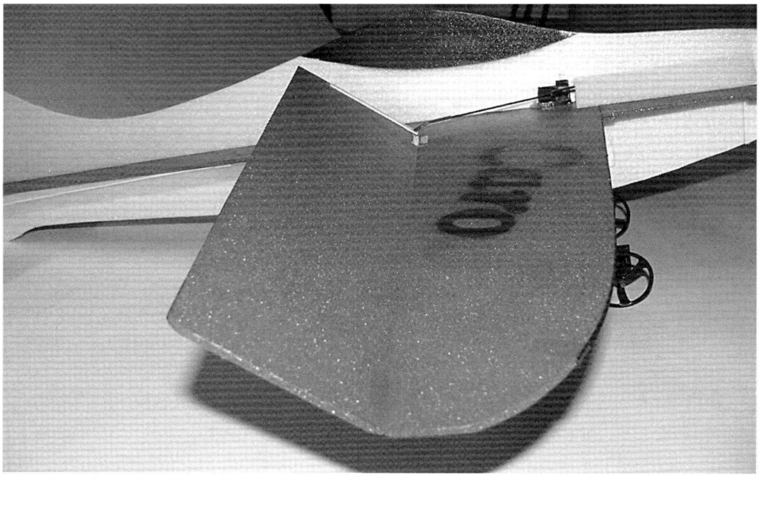

Wenn es auf das Gewicht ankommt, sind die Elasticflaps aus Depron nicht zu schlagen. Allerdings sollte auch hier am Anfang und am Ende ein kurzer Streifen Tesa ein Einreißen verhindern. Dann sind selbst große Ausschläge ohne Probleme möglich.

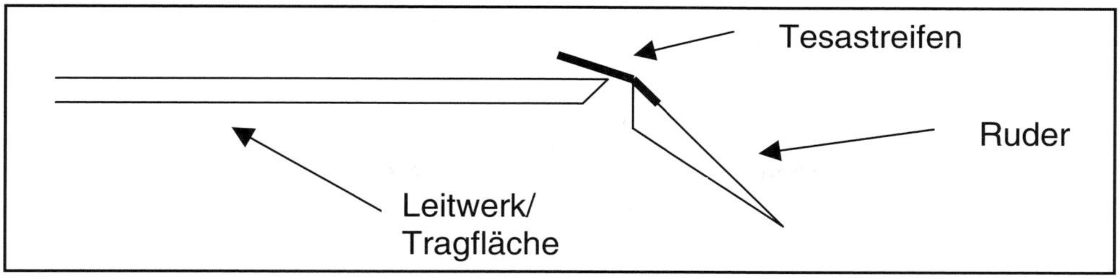

meist kleinen Depronmodelle noch zu groß und können getrost halbiert werden. Fest verklebt haben diese Scharniere den Vorteil, dass sie sehr dauerhaft sind.

Aber wir suchen ja die einfachen Lösungen! Deshalb kommen wir dann schnell zum Tesa-Streifen als Scharnier, der bei folienbespannten Modellen auch gern benutzt wird. Dazu müssen wir aber den Ruderspalt bei 3-mm-Depron mindestens einseitig, besser sogar beidseitig schräg anschneiden oder schleifen. Um eine gerade Kante zu bekommen, sollte man das aber nicht „frei nach Schnauze“ machen. Ein Stahllineal als Anschlag für das Messer oder eine selbst gebaute Schleiflatte sind hier die geeigneten Hilfsmittel.

Leider haften die meisten Tesa-Sorten nicht sehr gut auf Depron. Original-Tesa geht da noch am besten, aber nach einigen Monaten löst es sich auch wieder ab. Da wirkt eine dünne Schicht Uhu-Por oder Sprühkleber unter dem Tesa Wunder und erhöht die Dauerhaftigkeit der Verbindung deutlich. Noch besser ist natürlich Strapping-Tape, da es auch auf Depron hervorragend haftet.

Generell genügt eine durchgehende Lage Tesa auf der Oberseite des Scharniers, allerdings sollte man dann von unten an Anfang und Ende des Ruders noch einen kleinen Streifen Tesa dagegenkleben. Der Autor klebt den Scharnierstreifen zuerst auf das Ruder und drückt den Streifen dort sorgfältig fest. Erst dann wird das Ruder in der nach unten ausgefahrenen Position am Flügel oder am Leitwerk angeschlagen. So ist sichergestellt, dass sich ein ausreichender Spalt für den Ruderausschlag ergibt. Für die echten Leichtbauer ist aber auch diese Methode noch zu schwer, weshalb sie sich die Depron-Elasticflaps überlegt haben. Für diese Scharniere machen wir wieder eine V-förmige Nut in das Material, wobei ca. 0,5 mm Depron oben noch stehen bleiben sollten. Dazu schneiden wir das Depron nur ungefähr 2 mm tief ein und knicken die Platte dann vorsichtig über einer rechtwinkligen Kante so lange, bis ein rechter Winkel entsteht. Dann wird so lange geschliffen, bis der Schleifklotz das noch zusammenhängende Material gerade so erreicht.

1. Schritt: ca. 2 mm tief einschneiden
2. Schritt: Knicken über einer rechtwinkligen Kante
3. Schritt: Schleifen

Zugegeben, das braucht etwas Übung und gelingt vielleicht auch nicht beim ersten Mal. Deshalb sollte man es erst einmal an einem Probestück üben, aber nach einige Tests hat man den Bogen raus und kann sich damit an das Modell wagen.

Wenn der Ausschnitt fertig ist, wird das Ruder vorsichtig hochgebogen und dabei etwas in Richtung Flügel gestaucht. Geht das Hochbiegen zu schwer oder wird der gewünschte Ausschlag nicht erreicht, kann man das Material an der Nut mit einem Kugelschreiber ohne Mine oder auch mit dem Rand einer alten CD noch weiter eindrücken, bis das gewünschte Resultat erreicht ist. Nur im äußersten Notfall sollte man noch einmal mit dem Messer nachschneiden.

Wenn das Einklappen des Scharniers gut funktioniert, gibt es auch mit der anderen

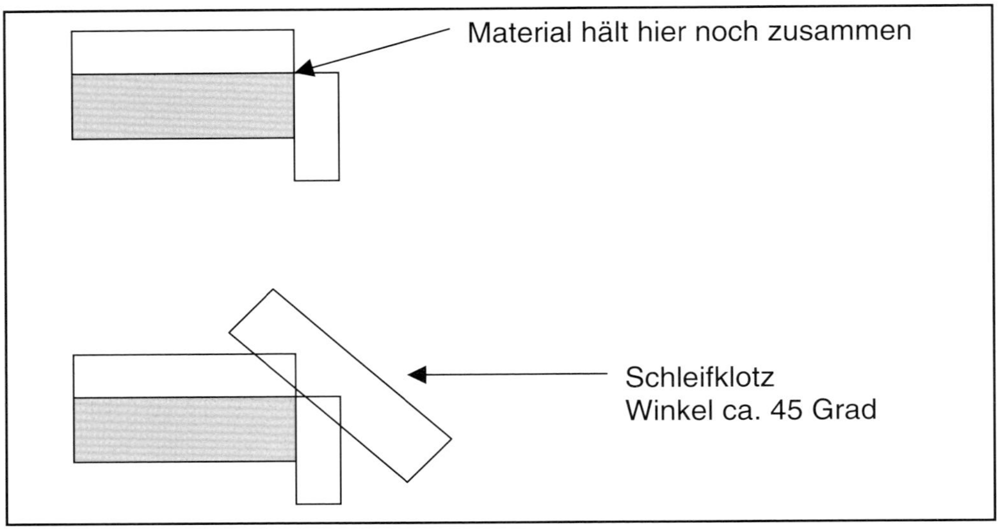

Richtung keine Probleme mehr. Nun muss man nur noch Anfang und Ende des Ruders mit einem kleinen, ca. 10 mm breiten Streifen Tesa bekleben, von oben wie von unten, um ein Einreißen zu vermeiden. Solch ein Scharnier ist spielfrei und wiegt nichts, aber hält vielleicht auch nur drei Monate intensiven 3-D-Kunstflugs aus. Das ist aber immer noch mehr, als meisten Modelle aushalten, oder?

Zu guter Letzt sei die Methode von Hilmar Lange aus der FMT 3/05 noch erwähnt. Hilmar trennt Ruder und Leitwerk mit schrägen Schnitten und bringt an beiden Teilen an der vorstehenden Kante eine dünne Raupe Uhu-Por auf. Wenn das Uhu-Por abgelüftet hat, werden die Teile nur an der Kante zusammengedrückt und haften fest, aber beweglich aneinander. Wie gesagt, viele Wege führen nach Rom.

Fernsteuerung und Ruderanlenkungen

So, jetzt ist das Modell im Groben fertig! Fehlt also nur noch die Fernsteuerung, denn wir bauen ja ein RC-Modell aus Depron und kein Freiflugmodell. Im Grunde genommen macht es keinen Unterschied, ob wir die Empfangsanlage in ein konventionell gebautes Modell oder in ein Depronmodell einbauen. Es gelten die gleichen Regeln und Anforderungen.

Das typische Depronmodell hat einen Elektroantrieb. Daher gilt als erster Grundsatz, dass der Empfänger so weit wie möglich vom Antriebsstrang, insbesondere von Motor und Drehzahlsteller entfernt eingebaut werden sollte. So vermeidet man von vornherein einen großen Teil der Funkstörungen, die auftreten können. Die Antenne sollte die Nähe dieser Teile ebenfalls meiden und, wie von allen anderen Modellen gewohnt, nicht unbedingt parallel zu Stahlbowdenzügen oder Kohlefaserstangen geführt werden.

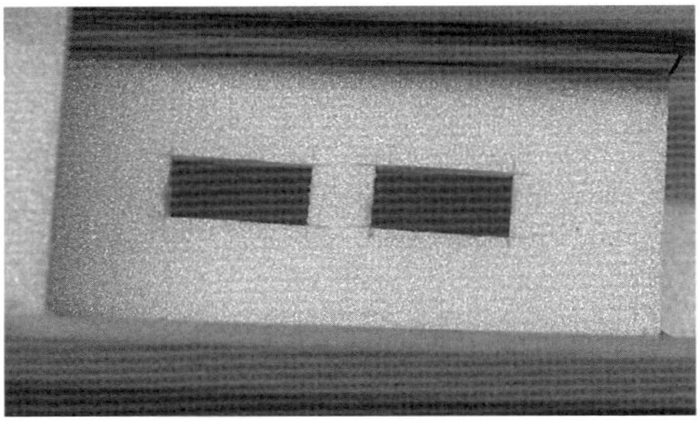

Hier sind die Löcher für die Servos schon vorgeschnitten. Sie dürfen ruhig etwas zu klein sein, damit die Servos nur noch mit etwas Kleber angeheftet zu werden brauchen.

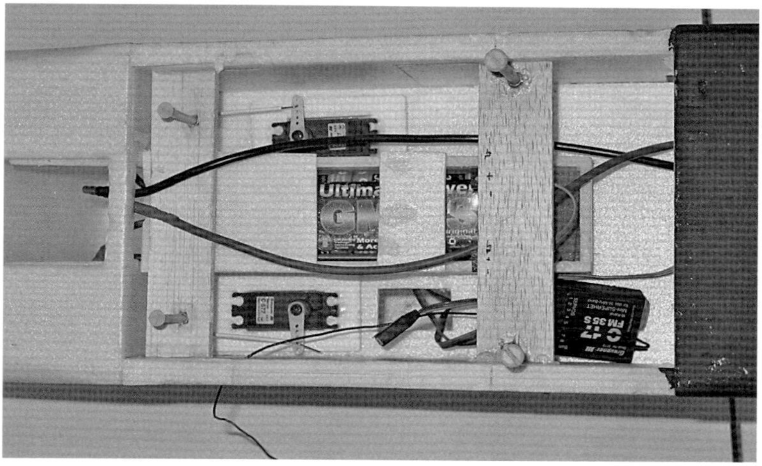

Wieder die „große" Pilatus Porter. Ein Zwischenboden aus Depron bietet ausreichend Platz für Servos, Empfänger und Akku.

Am besten wird der Empfänger, zumindest bei einem Frontmotor, so weit hinten wie möglich im Modell befestigt ist. Dazu nimmt der Autor am liebsten einfaches Doppelklebeband oder Tesa-Power-Streifen, die sich später besser lösen lassen.

Wenn möglich, befestige ich den Empfänger an einem Zwischenboden im Modell, dann ist es nicht so schlimm, wenn er beim Ausbau wegen des zu gut haltenden Klebebands etwas vom Untergrund mitnimmt.

Der Einbau der Servos ist stark von den Gegebenheiten des Modells abhängig. Bei einem reinen Zweckmodell kann man sie durchaus in der Außenwand des Modells befestigen und die Anlenkung direkt zum Ruder führen. Diese Methode sieht zwar nicht besonders gut aus, ist aber sehr einbau- und wartungsfreundlich. Außerdem arbeiten solche Anlenkungen dann auch direkt und spielfrei. So hat eben alles seine Vor- und Nachteile.

Egal ob in der Außenwand des Rumpfs oder so, wie es sich gehört, im Rumpf, die Servos müssen natürlich ordentlich befestigt werden. Am schnellsten und leichtesten geht das, indem wir einen Ausschnitt in die Depronplatte machen, der etwas kleiner als das Servo ist; dann hält das Servo schon fast durch die Spannung des Materials beim Einstecken, und etwas Sekundenkleber an den Befestigungslaschen reicht für einen festen Sitz. Später lässt sich der Kleber in den meisten Fällen problemlos wieder entfernen. Gründliche Menschen befestigen ihre Servos mit Schrauben, aber Schrauben und Depron, das ist so eine Sache. Da kommt man nicht umhin, ein kleines Stückchen harten 3-mm-Balsaholzes auf das Depron zu kleben, in dem die Schrauben nachher gut halten.

Aber auch die guten Power-Strips von Tesa reichen in den meisten Fällen aus, ein Servo sicher an einer Rumpfseitenwand zu befestigen. Man kann die Servos auch mit etwas Heißkleber an das Depron kleben, aber von Sekundenkleber sollte man wirklich Abstand nehmen, denn der verklebt dann sicher auch die Gehäuseteile des Servos und dringt womöglich noch ins Getriebe ein.

Es gibt also viele Möglichkeiten, und ich bin mir sicher, Sie finden als Modellbauer immer den richtigen Weg.

Das gilt auch für die Verbindung zwischen Servo und Ruder. Auch hier gibt es viele Wege, von denen nur einige erwähnt werden sollen.

Die einfachste Anlenkung ist immer eine stabile Schubstange, wie wir sie auch aus anderen Modellen kennen. Früher hat man dazu eine harte 5×5-mm-Balsaleiste genommen, und das ist auch heute keine schlechte Metho-

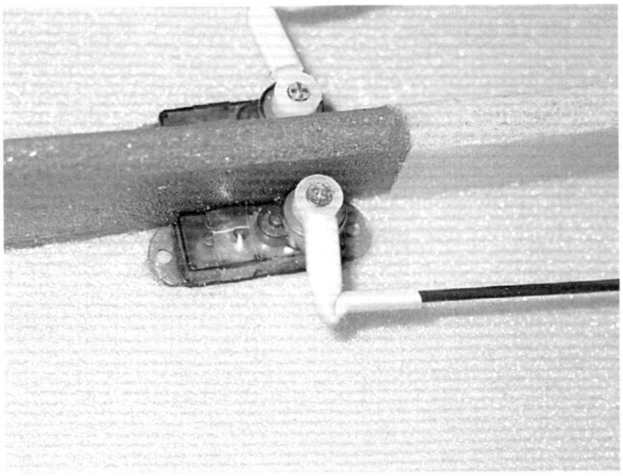

Hier erfolgt die Verbindung von Servo und Schubstange leicht und doch ausreichend präzise mit einem Schrumpfschlauch. Einfacher geht es wirklich kaum noch.

de, aber schließlich leben wir im 21. Jahrhundert, und da gibt es modernere Materialien. Schubstangen aus Carbon-Rundmaterial sind die Lösung der Gegenwart. Für leichte Indoor-Modelle reichen 1,5-mm-CFK-Stangen, ab 300 g Fluggewicht sollte man mindestens 2 mm starke Stangen nehmen und ab 500 g darf es auch getrost eine 3-mm-Stange sein. Gerade die dünnen Stangen kann man in der Mitte noch ein- oder zweimal durch ein kurzes Stück Bowdenzug-Außenrohr führen, damit sich die Schubstange bei Druckbelastung nicht zu sehr durchbiegt.

Überhaupt gilt bei Schubstangen der Grundsatz: Je kürzer, desto besser! Daher kommen sie hauptsächlich dann zum Einsatz, wenn das Servo in Rudernähe eingebaut ist. Für die langen Anlenkungen gilt es nach anderen Lösungen zu suchen. Aber auch da müssen wir uns nicht lange umsehen, denn der Bowdenzug ist nun wahrlich keine Erfindung dieses Jahrtausends, und er hat auch noch lange nicht ausgedient. Allerdings reicht es für die meisten leichten Depronmodelle bis 1.200 g völlig aus, das Innenrohr eines üblichen Bowdenzugs als Außenrohr zu nehmen und die Schubkraft mittels eines 0,6–0,8 mm starken Stahldrahts zu übertragen. Wichtig ist nur, dass sich das Rohr nicht im Rumpf bewegt. Es muss also am Anfang und am Ende fest mit dem Rumpf verklebt sein, und es kann auch nicht schaden, das Rohr noch einmal in der Mitte anzukleben. Weist das Bowdenzugrohr keine zu engen Biegungen auf, entsteht so eine leichtgewichtige und, bedeutsamer noch, leichtgängige Anlenkung.

Noch leichter wird es mit einer Seilzuganlenkung, die in beiden Richtungen auf Zug arbeitet. Dazu brauchen wir Geduld, zwei kurze Bowdenzugröhrchen für die Rumpfdurchführung und ein spezielles Ruderhorn, denn wir müssen jetzt ja auf jeder Seite des Ruders ziehen, damit, zum Beispiel das Hö-

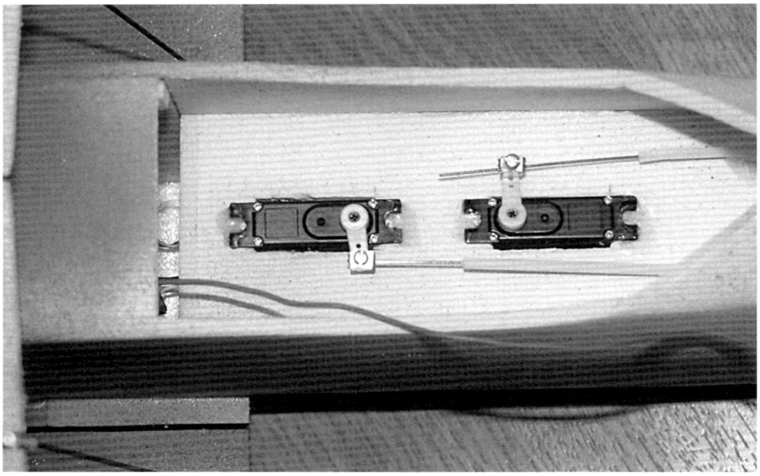

Bowdenzüge, Stahldrähte als Schubstangen und schraubbare Halter an den Servoarmen bilden eine leichte und präzise einstellbare Anlenkung, auch bei leichten Modellen.

Bei der Airco ist die Seilanlenkung sowohl eine Notwendigkeit als auch ein Scale-Detail, denn beim Vorbild war es nicht anders. Schön, dass man sich bei Kavan darauf bedacht hat und die Anlenkung so vorsieht.

henruder, sowohl nach oben als auch nach unten ausschlagen kann. Für die Präzision der Anlenkung ist es wichtig, dass beide Seile gut gespannt sind. Der Autor nimmt dafür entweder einen soliden Zwirnsfaden oder eine dünne Kevlarschnur, die es im Angelladen unter dem Begriff „Vorfach" gibt. Und als Ruderhorn nehme ich immer ein kleines Rohr, durch das die Schnur gezogen wird, die von dem einen Servohorn zum anderen führt. Auf der Servoseite kommt eine Schlaufe in das Seil, und durch die Schlaufe und die Bohrung im Servohebel geht ein Stück Blumendraht, das dann zusammengedreht wird. Auf der anderen Seite wird das ebenso gemacht. Dann kann man den Faden durch Zusammendrehen der Drahtschlaufen spannen. Erst wenn der Faden gespannt ist und sowohl das Servo als auch das Ruder in Neutralstellung sind, wird der Faden im Ruderhorn-Röhrchen mit Sekundenkleber fixiert. Falls unbedingt nötig, kann man dann später mit den Drahtschlaufen noch nachspannen.

Soweit unterscheidet sich unser Depronmodell nicht von einem anderen Flugmodell, zum Beispiel aus Holz. Aber einige Anmerkungen hätte ich da schon noch.

Zuerst einmal sind da bei den Seilanlenkungen die Kräfte, die durch das Spannen der Anlenkungsseile auftreten. Beim Seitenruder ist das harmlos, da dessen Seile gleichmäßig auf beiden Seiten des Rumpfs wirken, aber beim Höhenruder ist das Ruderhorn nur selten in der Mitte, und da kommt es vor, dass der Rumpf durch das Seil allmählich in eine Richtung hin verbogen wird. Dann muss man die Seilspannung wohl oder übel etwas reduzieren, denn ein krummes Flugzeug fliegt nun mal auch krumm.

Der andere Aspekt betrifft die Ruderhörner. Wir wissen ja nun schon, dass Depron nicht punktförmig belastet werden will. Das gilt neben den Dauerbelastungen natürlich auch für die Stellkräfte der Servos, die über das Ruderhorn ins Ruder eingeleitet werden. Also brauchen wir entweder Ruderhörner, welche die Stellkräfte des Servos über eine große Fläche auf das Ruder übertragen, oder wir müssen das Ruder im Bereich des Ruderhorns so weit verstärken, dass an dieser Stelle nichts mehr passieren kann.

Das geschieht am besten, indem man das Ruder im Bereich der Anlenkung großzügig mit dünnem Balsaholz (1 mm starkes Holz

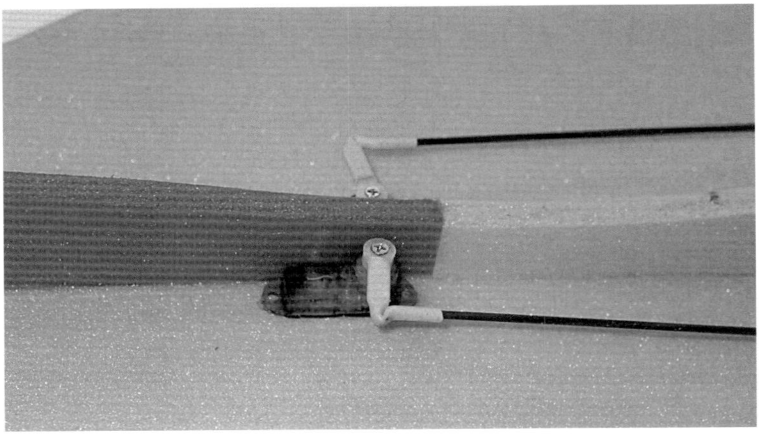

Noch einmal das Delta mit den Schubstangen, die direkt vom Servo zu den Ruderhörnern führen. Genauer geht es nicht!

reicht da schon) auffüttert und das Ruderhorn fest mit dem Balsaholz verbindet. Eine dünne Lage Glasmatte ist auch eine Option, aber eigentlich schon zu aufwendig.

Am besten kleben wir diese Verstärkung vor dem Lackieren auf, dann fällt das Ganze auch nicht so auf. Soll der Bereich weiß bleiben, kann man sich auch sehr dünne weiße ABS- oder Polystyrolplatten besorgen, die den Job der Balsaverstärkung übernehmen. Wenn es aber ganz leicht werden soll – unter den Indoor-Fliegern gibt es da so einige Grammfuchser –, dann nehmen wir eine dünne GFK- oder besser noch eine CFK-Platte und kleben sie senkrecht in einen Schnitt im Depron. Mit der richtigen Formgebung kann man auch mit dieser Methode gute Resultate erzielen.

Wichtig ist dabei, dass die Fläche des Ruderhorns, die im Depron liegt, möglichst groß ist, um einen sicheren Halt und eine gute Funktion zu gewährleisten.

Wie zuvor schon erwähnt, hat es sich bei Seilzuganlenkungen bewährt, ein dünnes Aluminium- oder ein Bowdenzugrohr als Ruder-

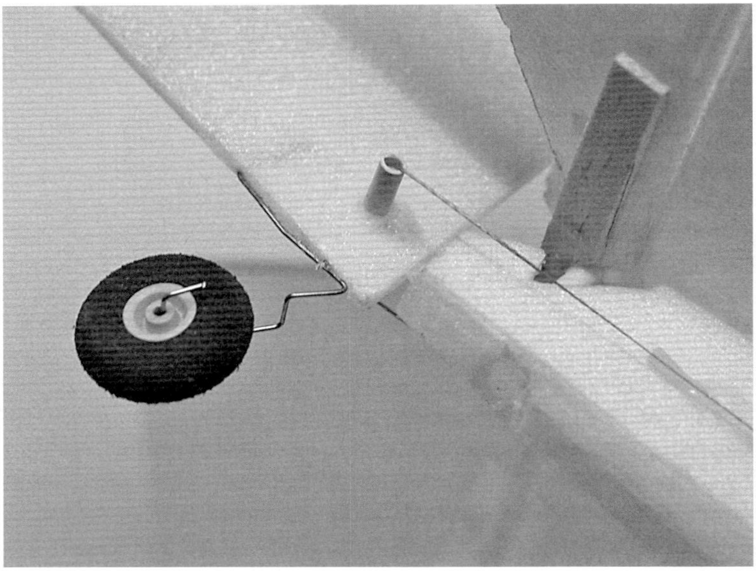

Noch einmal eine Detailansicht mit Ruderhorn, Mittelverstärkung des Höhenruders und sogar einem lenkbaren Spornrad. Gerade bei Indoor-Modellen macht das lenkbare Spornrad eine Menge aus, denn man kann damit schön sauber zum Start rollen.

horn zu nehmen, da man dann die Mittelstellung des Ruders noch einmal justieren kann. Hier ist dann die Balsaplatte als Verstärkung ebenso unumgänglich wie beim Einsatz eines kurzen Kohlefaserstabs als Ruderhorn. Solche Stäbe sind gerade deshalb sehr beliebt, weil man dann die Schubstangen mit Hilfe eines Schrumpfschlauchs leicht anschließen kann. Durch vorsichtiges Erhitzen mit dem Lötkolben oder dem Feuerzeug wird die Verbindung fixiert und kann auch später noch durch Wärme korrigiert werden. Aber bitte vorsichtig erwärmen, sonst schmilzt das Depron rundherum. An Stelle des Schrumpfschlauchs lässt sich auch ein dünner Silikonschlauch verwenden, der stramm über die CFK-Stäbe geschoben wird. Auch hier hat man in Maßen eine Möglichkeit zur Korrektur. In jedem Fall ist darauf zu achten, dass die Servos die Ruder leicht und spielfrei bewegen können, denn daran wird eine Anlenkung in erster Linie gemessen, und das geringste Gewicht nutzt nichts, wenn die Anlenkung nicht ordentlich läuft.

Verstärkungen und Verstrebungen

Eigentlich sollten uns Verstärkungen an einem Depronmodell ja ein Dorn im Auge sein, schließlich wollen wir leicht bauen, denn leichte Flugmodelle fliegen nun einmal besser. Aber gerade zum Leichtbau gehören sowohl Verstrebungen als auch gezielte Verstärkungen. „Gezielt" ist hier das Stichwort. Überall einfach doppelte Materialstärke zu nehmen wäre nun wirklich zu einfach, besonders weil zusätzliche Stabilität häufig nur an einigen Punkten notwendig ist. Gehen wir also einmal das Repertoire der Verstärkungsmöglichkeiten für Depronmodelle durch und fangen wir mit dem Einfachsten an.

Wie schon erwähnt, man kann an jeder Stelle ohne Probleme die Materialstärke des Deprons vergrößern und so zusätzliche Stabilität erreichen. Dass das immer auf Kosten der Leichtigkeit geht, ist klar, aber dort, wo großflächige Stabilität gefragt ist, kann man das tun. Bei einem Parkflyer können wir also das Leitwerk entweder aus 3-mm-Depron bau-

Der Doppeldecker Mojito aus dem Slow- und Parkflyer-Sonderheft 1/2005 ist mit 100 cm Spannweite schon ein richtig erwachsenes Kunstflugmodell. Es fällt kaum auf, dass es fast ausschließlich aus Depron gebaut ist.

en und dann vorn und hinten eine Nasenleiste aus Kiefernholz, hartem Balsaholz oder sogar aus Kohlefaser machen, oder wir nehmen einfach 6-mm-Depron für das ganze Leitwerk. Gewichtsmäßig sind beide Möglichkeiten ähnlich, denn die Verstärkungen erhöhen das Gewicht und der notwendige Klebstoff erst recht.

Es ist durchaus auch sinnvoll, die Seitenwand eines Kastenrumpfs im hinteren Teil aus 3-mm-Depron zu bauen und vorn, also dort, wo am ehesten etwas kaputtgeht, noch eine weitere Lage Depron einzukleben. Das Aufdoppeln geht übrigens am leichtesten, wenn man die Depronteile kurz mit einem mit Aceton getränkten Lappen abwischt und dann schnell mit etwas Druck zusammenfügt. Alle anderen Kleber sind bei großflächigen Verklebungen sehr schwer. Daher ist es auch immer günstiger, 6-mm-Depron zu nehmen und auf das Verdoppeln von 3-mm-Material zu verzichten. Häufig reicht es freilich schon, wenn man an den Kanten von 3-mm-Rumpfseiten ca. 10 mm breite Streifen aus 6-mm-Depron aufklebt. So bekommt man größere Klebeflächen und gewinnt allein dadurch schon Festigkeit.

Da wir gerade über Kastenrümpfe sprechen: Die lassen sich natürlich auch mit Holzleisten verstärken. Soll es sehr stabil werden, nehmen wir Kiefernholz, aber auch Balsaholz hat seine Vorteile, denn hier kann man bei gleichem Gewicht großflächigere Verstärkungen bauen, und das hat immer seine Vorteile, denn die Belastungen werden gleichmäßiger auf das Depron übertragen.

Überhaupt haben wir hier einen wichtigen Aspekt. Ich sage es zum wiederholten Mal, aber Depron darf einfach nicht punktförmig belastet werden, und eine kleine Verstärkung würde genau das tun. Also müssen wir die Verstärkungen immer so gestalten, dass sich die Kräfte bei einer Belastung, egal ob im Flug oder bei einem Absturz, gleichmäßig auf das Depron verteilen. Deshalb hat eine Verstärkung aus Depron auch mehr Sinn als ein Materialmix, denn die Depron-Verstärkung kann flexibler reagieren als ein Holz- oder CFK-Teil.

Bei Silhouettenrümpfen kommt es meistens ganz extrem auf das Gewicht an, denn sie werden nur bei sehr leichten Modellen zur Anwendung kommen. Durch die Plattenbauweise sind diese Rümpfe normalerweise auch sehr stabil, doch verdrehen sich die Rumpfhinterteile hier sehr gern, denn mit der Verdrehsteifigkeit eines Kreuzrumpfs ist es nicht weit her. Da hilft eine Diagonalverstrebung der beiden Rumpfteile enorm. Eine Depronplatte im 45-Grad-Winkel zwischen der senkrechten und der waagerechten Platte macht aus einem wackeligen Gebilde schnell einen stabilen, aber trotzdem leichten Rumpf.

Allerdings begegnen wir hier einer anderen Gefahr. Wenn man leichte und relativ instabile Gebilde verstärkt, ist immer darauf zu achten, dass man schon beim Anbringen der Verstärkung keinen Verzug in das Modell bringt. Es ist ein Leichtes, einen Kreuzrumpf mit einer freihändig angebrachten Diagonalstrebe dauerhaft zu verdrehen, und dieser Verzug ist dann nicht mehr zu korrigieren. Gleiches gilt natürlich für Flächenverstärkungen und Tragflächenverstrebungen. Genaues Arbeiten ist hier die erste Pflicht des Bastlers, sonst ruiniert man sein Modell von vornherein.

Kommen wir nun von den Rümpfen zu den Tragflächen und Leitwerken und beschäftigen wir uns dabei erst einmal mit den flachen Depronplatten. Hier ist die Enttäuschung groß, denn mit einer einfachen 3-mm-Depronplatte ist so gut wie gar nichts anzufangen. Die biegt und windet sich gerade so, wie es ihr gefällt, und zum Flügel scheint sie überhaupt nicht zu taugen. Und doch fliegen die meisten Indoor-Modelle genau mit einer solchen 3-mm-Depronplatte als Leitwerk und auch als Tragfläche. Ohne Verstärkung geht hier logischerweise nichts.

Die Ikarus-Shockflyer haben es vorgemacht: Mit einem aufrechten CFK-Profil an

Das Kunstflugmodell von Torben Ruschhaupt. Durch die Lackierung fallen die gelochten Diagonalstreben am Rumpfhinterteil so gut wie gar nicht auf. Außerdem sind die Flächen durch ein CFK-Profil an der Nasenleiste und die Streben zur Kabine stabilisiert.

Vorder- und Hinterkante kann man auch eine dünne Depronplatte einigermaßen steif bekommen. Ebenso gut könnte man ein CFK-Profil in die Mitte des Flügels setzen. Aber gerade das Profil an der Nasenleiste hat noch einen weiteren Vorteil, denn es schützt den Flügel auch bei einem Zusammenstoß, egal ob mit einem anderen Flugmodell oder mit einem festen Hindernis.

Billiger, doch auch schwerer erreicht man den gleichen Effekt mit einer 3 mm × 3 mm oder 3 mm × 5 mm starken Kiefernleiste, die vor den Depronflügel geklebt wird. Das ist dann die ökonomischere Variante für Modelle, bei denen es nicht auf das letzte Gramm und auch nicht auf das besonders edle Aussehen ankommt. Allerdings ist eine Depronplatte selbst mit einer Verstärkung an den Enden nicht sonderlich verdrehsteif und wird sich früher oder später im Flug und nachher auch dauerhaft wie ein Propeller verdrehen. Dagegen hilft dann nur noch eine Verstrebung mit dünnen CFK-Rundstäben zwischen den Nasen- bzw. Endleisten und dem Rumpf, die dafür sorgt, dass sich zumindest der innere Teil der Tragfläche nicht mehr verziehen kann.

Es lebe die Diagonale! Wieder einmal, sollte man noch ergänzen, denn die Diagonalverstrebung rettet hier den Flügel erst einmal vor dem Verzug, aber auch in anderen Situationen ist sie das Element, das unsere Depronmodelle leicht und trotzdem stabil macht. Nicht dass wir Depronmodellbauer das erfunden hätten. Gehen wir in die Anfangszeit der Fliegerei zurück, da hat man auch schon so gearbeitet, und moderne Ultraleichtflugzeuge kommen trotz des Einsatzes von Hightech-Werkstoffen gerade bei den Tragflächen noch

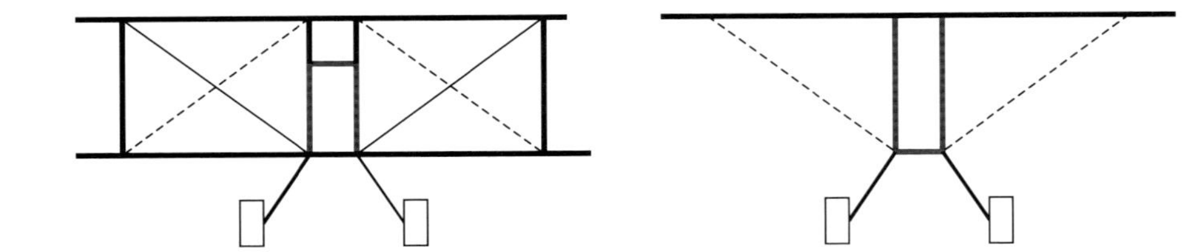

immer nicht ohne Flächenstreben aus. Grundsätzlich könnte man jeden Tragflügel, auch aus Depron, so stabil machen, dass er selbsttragend wäre, aber mit einer Verstrebung lässt sich eine Menge Gewicht sparen. Dabei ist es zweitrangig, ob die Verstrebung aus Holz, Kohlefaserstäben oder aus Fäden besteht. Eine Piper Cub als Hochdecker darf sicher eine Verstrebung aus einer Holzleiste haben, denn die gehört zum Modell einfach dazu und muss deshalb auch optisch präsent sein. Eine CFK-Strebe ist da deutlich unauffälliger, aber an der Piper Cub würde sie eben zu dünn wirken. Bei einem Doppeldecker, der ohne Verstrebung zwischen den beiden Flächen kaum stabil zu bekommen ist, ist die CFK-Strebe dann schon eher angesagt.

Noch leichter ginge es mit einem Zwirnsfaden oder einer dünnen Dynema-Schnur aus dem Angelladen, die wir ja schon von den Seilzuganlenkungen her kennen. Allerdings muss bei der Verspannung mit einem Faden beachtet werden, dass er nur in einer Richtung, nämlich auf Zug belastet, Stabilität bringt. Eine Strebe dagegen ist in beiden Richtungen belastbar, es sei denn, sie ist so dünn, dass sie sich bei Druck durchbiegt.

Geht es um einen einfachen Hochdecker, der keinen Kunstflug machen soll und dessen Flügel nur positiv belastet wird, reicht also eine Seilverspannung aus. Wenn Seilverspannungen in beiden Richtungen belastet werden sollen, müssen sie über Kreuz ausgeführt werden. So wird immer ein Seil auf Zug belastet und die Stabilität ist in jeder Fluglage sichergestellt.

Je größer das Dreieck, das durch die Diagonalverstrebung gebildet wird ist, um so stabiler wird das Gefüge. Wichtig ist aber auch, dass die Diagonalverstärkung, egal ob Streben oder Seile, an einem stabilen Element des Modells befestigt ist. Im Fall des Hochdeckers kann das der Fahrwerksspant sein, aber es ist auch möglich, eine Zugstrebe quer durch den Rumpf laufen zu lassen, an der die beiden seitlichen Verspannungen befestigt sind.

Neben der Verstärkung durch Diagonalen haben wir dann noch die Formstabilität einzelner Teile. Wellblech ist hier das Stichwort. Eine dünne, gerade verlaufende Blechplatte ist instabil, wird sie aber gewellt, bekommt sie schon einmal in eine Richtung deutlich mehr Stabilität, und wird sie sogar in zwei Richtungen verformt, kann man erstaunliche Effekte erzielen. Ähnliches beobachtet man an einem tiefgezogenen Depronteil. So ein Rumpf hat zumindest im Bereich der Wölbungen eine enorme Steifigkeit, so dass die Gewichtsfetischisten hier sogar schon anfangen, selbst 3-mm-Depron noch dünner zu schleifen.

Leider hat der „normale“ Modellbauer kaum die Möglichkeit, Depron tiefzuziehen, aber verbiegen können wir es ganz gut, zumindest in einer Richtung. Das beste Beispiel sind gewölbte Tragflächen. Wenn wir

Die „Zwei-Meter-Porter" einmal in voller Pracht. Hier dient eine 3×10-mm-Kiefernleiste auf jeder Seite als Flächenstrebe. Ohne die Streben würden die Styroporflächen wohl nicht lange halten.

eine 3-mm-Depronplatte nur etwas über einer runden Kante biegen, so dass ein Hohlprofil entsteht, dann ist dieses Gebilde schon um ein Vielfaches stabiler als die ungewölbte Platte. Wird die Wölbung dann noch mit Rippen dauerhaft fixiert, erhalten wir einen relativ stabilen Flügel, der die Belastungen eines sehr langsamen und leichten Modells aushält.

Noch stabiler wird es, wenn man dieses Hohlprofil noch zu einem geschlossenen Körper in Profilform zusammenbaut. Dann reicht wirklich ein Holm aus 6-mm-Depron, um ein 500-g-Modell in der Luft unzerstörbar zu machen. Durchbiegung und Verdrehsteifigkeit eines so gebauten Flügels überraschen auch erfahrene Modellflieger immer wieder. Ein Depronholm hat zudem den Vorteil, dass er Belastungen etwas flexibler aufnimmt als ein Holzholm. Voraussetzung ist aber eine sichere Verklebung von Ober- und Unterschale des Flügels.

Es gibt also viele Möglichkeiten, ein Depronmodell mit Verstärkungen stabil zu machen, ohne dass es zu sehr an Gewicht zulegt. Etwas Überlegung ist an dieser Stelle sinnvoll. Außerdem ist es wichtig, dass man die stabilen Elemente eines Depronmodells miteinander verbindet. Das heißt ganz konkret, dass man den oder die Holme des Flügels mit der Verstärkung des Rumpfs und auch die Fahrwerksaufnahme und den Motorspant miteinander verbindet – nicht nur über dünnes Depron. Im Idealfall bilden die Verstärkungen unter dem Depron ein komplettes Flugmodell und das Depron hat nur noch eine formgebende Funktion. Wenn das zudem von außen nicht mehr sichtbar ist, hat der Konstrukteur ganze Arbeit geleistet.

Das Fahrwerk

Wie bei jedem Modell ist das Fahrwerk ein kritischer Punkt und viele Modellbauer würden es am liebsten ganz weglassen. Bei Speedmodellen stört es ebenso wie bei reinen Segelfliegern, aber zu einem echten Flugmodell, besonders einem Motormodell, gehört ein Fahrwerk einfach dazu. Wenn wir uns dann auch noch an einem Vorbild orientieren, geht es eigentlich gar nicht mehr ohne.

Wobei ... da gibt es meiner Ansicht nach eine Ausnahme: Das schnelle Vorbild mit Einziehfahrwerk sieht als Modell mit starrem Räderwerk in der Luft nicht besonders toll aus. Eine Mustang oder eine Lightning mit Fahrwerk wirkt am Boden klasse. Aber in der Luft? Abhilfe schafft da ein funktionierendes

In den Augen des Autors gibt es nur wenige gute Gründe, ein Flugmodell ohne Fahrwerk zu bauen. Das Flugbild der Lightning bildet da eine Ausnahme, denn hier würde ein Fahrwerk wirklich nur stören, oder?

Einziehfahrwerk am Modell oder vielleicht doch das Modell ohne Räder. Nun gibt es sogar ein kleines Einziehfahrwerk für Modelle bis 300 g, vertrieben von GWS, doch der Autor ist damit noch nicht über das Versuchsstadium hinausgekommen.

Was sind denn eigentlich die Aufgaben des Fahrwerks?

Zuerst einmal soll es einen vorbildgetreuen Bodenstart des Modells ermöglichen, und dann soll es noch eine ebenso vorbildähnliche Landung gestatten und dabei den Rumpf schonen, denn gerade die weiche Unterseite eines Depronmodells bekommt doch sehr schnell einen unschönen Kratzer bei der Landung. Und Landungen auf befestigten Pisten verbieten sich bei einem Depronmodell schon ganz und gar.

So weit, so gut. Wo liegt jetzt das Problem? Zum einen ist ein Fahrwerk natürlich totes Gewicht am Modell, das wir lieber in Akkus oder Motoren investieren würden, zum anderen bringt es eine Menge Luftwiderstand mit sich und zu guter Letzt wirken durch das Fahrwerk enorme Kräfte auf den Rumpf, die nur an wenigen Stellen aufgenommen werden können. Idealerweise müsste das Fahrwerk einen Großteil dieser Kräfte in sich aufnehmen und gar nicht erst auf die Rumpfstruktur übertragen. Dabei geht es zunächst um die Bremskraft bei der Landung, wenn die Räder aufsetzen und durch den Boden, besonders bei einer Graspiste, gebremst werden. Beim Start bremst das Fahrwerk zwar auch, aber die Kraft setzt weicher ein als bei der Landung, also müssen wir uns eher um diesen Fall kümmern.

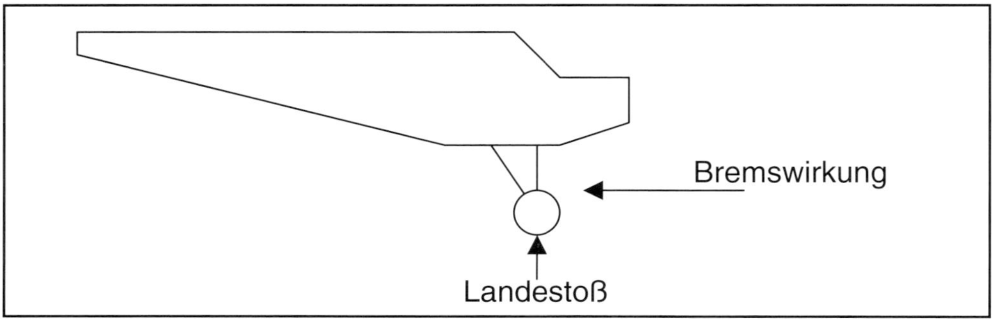

Hinzu kommt noch der Landestoß beim Aufsetzen, obwohl der uns in den meisten Fällen weniger Kopfschmerzen bereitet.

Nun mag es unser Depron, wie wir wissen, ja nicht, wenn es nur punktförmig belastet wird, und es ist unsere Hauptaufgabe, dafür zu sorgen, dass der Landeschwung eben so großflächig wie möglich vom Rumpf aufgefangen wird. Sehen wir uns unter diesen Aspekten, also Gewicht, Luftwiderstand und Kraftaufnahme bzw. Krafteinleitung, einmal einige gebräuchliche Fahrwerke an.

GFK- oder CFK-Bügel

Hin und wieder gibt es Angebote für leichte GFK-Bügelfahrwerke, die in ihren Dimensionen durchaus für kleinere Modelle geeignet sind, aber man kann sich mit etwas Übung auch eigene Bügelfahrwerke bauen. Als Urmodell reichen dafür entweder Bügelfahrwerke aus Aluminium oder einfach gebogene Aluminiumplatten, die schon die endgültige Form des Fahrwerks haben. Der Eigenbau hat noch den Vorteil, dass man die Fahrwerkshärte in Bezug auf den Landestoß sogar durch die Anzahl der GFK- oder CFK-Lagen sowie durch die eingelegten Rowings variieren kann. Zu weich darf es nicht sein, dann macht das Fahrwerk die „Grätsche", aber zu hart ist auch nicht gut.

Dieser Doppeldecker hat einen Fahrwerksbügel aus CFK, der allerdings recht schmal ist und leicht ausreißen kann.

Leider geben die Bügelfahrwerke die Bremskraft aber mehr oder weniger ungefiltert an den Rumpf ab. Deshalb müssen die Schrauben, die das Fahrwerk halten, gut an einer großflächig eingeklebten Holzverstärkung angebracht sein. Ist das gewährleistet, kann man mit einem Bügelfahrwerk viel Freude haben, und gerade aus CFK gemacht sieht es auch noch sehr gut aus.

GFK- oder CFK-Stäbe

Die leichteste Variante für ein Modellfahrwerk bilden wohl die Fahrwerke aus GFK-oder CFK-Stäben. Sie werden allerdings nur dort eingesetzt, wo es auf jedes Gramm ankommt, denn sie sind zwar sehr leicht, aber die Krafteinleitung ist bei ihnen ein Problem. Daher finden wir solche Fahrwerke eigentlich nur bei Modellen bis zu ca. 200 g Fluggewicht. Bei schwereren Modellen ist ein Stahldraht meistens die bessere Lösung.

Bei den leichten Modellen kommen in der Regel Stäbe von 1,5–2 mm Durchmesser zum Einsatz. Sie bilden einen guten Kompromiss zwischen Elastizität und Festigkeit. Schwerere Modelle würden stärkere Stäbe benötigen, um nicht die gefürchtete Grätsche zu machen, aber solche Stäbe sind nicht mehr elastisch genug und brechen leicht aus dem Modell heraus. Bei Rechteckrümpfen empfiehlt es sich, die GFK/CFK-Stäbe großflächig auf einem Spant zu verkleben, am besten sogar mit 5-Minuten-Epoxi oder Heißkleber, der für eine flächige Klebestelle sorgt, die auch noch etwas elastisch bleibt. Zusätzlich sollte man die Stelle, an welcher der Stab in den Rumpf kommt, großzügig verstärken.

Beim Silhouettenrumpf muss jeder Fahrwerksstab an zwei möglichst weit auseinander liegenden Stellen mit dem Rumpf verklebt sein, sonst würde das Fahrwerk sofort ausgehebelt werden. Eventuell sollte man auch Verstärkungen im Bereich der Verklebungen vorsehen.

Ein Problem bei den Stabfahrwerken sind noch die Radachsen, denn die Stäbe können

Bei der Caro übernehmen zwei CFK-Stäbe die Fahrwerksfunktion. Jeder dieser Stäbe endet in der Fläche und der Kreuzungspunkt im Rumpf ist besonders verstärkt. Sonst hält das „Fahrwerk“ nicht dauerhaft.

im Gegensatz zu Drähten nicht gebogen werden. Entweder man klebt kleine, gebogene Stahldrähte an die Stäbe und sichert die Verbindung durch Umwickeln mit Zwirnsfaden oder Kohle-Rowings sowie durch Tränken mit Sekundenkleber, oder man erhitzt den CFK-Stab im Bereich der Knickstelle mit einem Feuerzeug und biegt den Stab mit einer Zange entsprechend um. Die Biegestelle ist allerdings nicht mehr stabil und muss wieder durch Umwickeln mit Zwirn oder Rowings und anschließendes Tränken mit Kleber verstärkt werden.

Stahldrähte

Stahldrähte sind, offen gestanden, die Favoriten des Autors, wenn es um Fahrwerke für leichte bis mittelschwere Modelle geht. Sie lassen sich gut biegen und sind in beiden Richtungen flexibel genug, um erst einmal einen Teil der Landekräfte aufzunehmen, bevor diese am Rumpf ankommen. Durch Auswahl des richtigen Drahts kann man hier eine Menge erreichen. Die folgende Liste ist sicher nicht wissenschaftlich berechnet, ihre Werte haben sich jedoch in der Praxis bewährt:

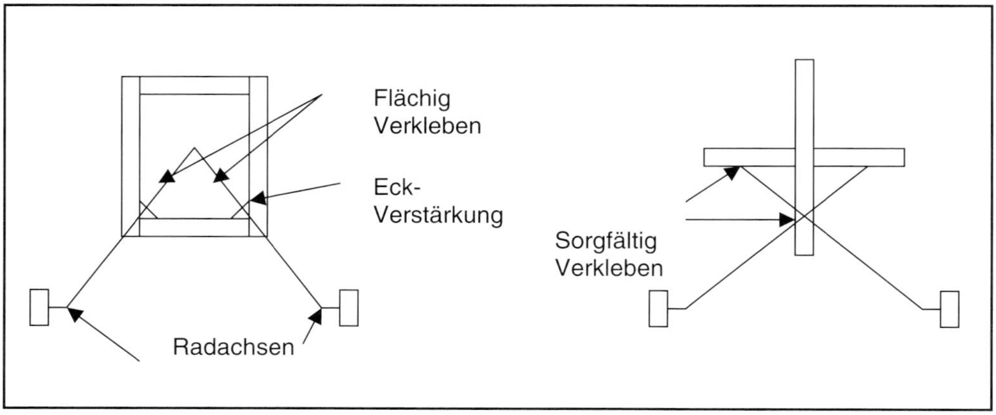

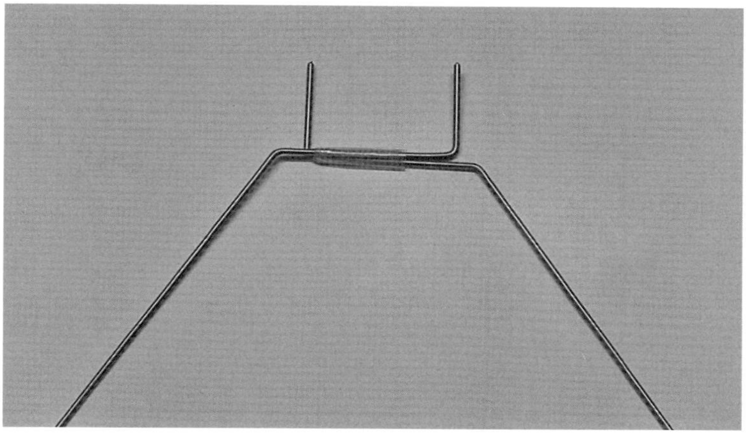

Ein Drahtfahrwerk für ein 200-g-Modell. Es besteht aus zwei gleichen Teilen, die in der Mitte mit einem Schrumpfschlauch oder einigen Lagen Klebeband verbunden werden. So lässt es sich in Röhrchen, die im Rumpf sitzen, einstecken.

Modellgewicht	Stahldraht-Stärke
Bis 200 g	1,5 mm
200–300 g	2,0 mm
300–500 g	2,5 mm
500–1.000 g	3,0 mm
1.000–2.000 g	4,0 mm
2.000–3.000 g	5,0 mm

Wichtig ist natürlich auch hier die Krafteinleitung in den Rumpf. Der Draht sollte immer mit einem Spant und den Rumpfseitenwänden verbunden sein. Wenn wir Verstärkungselemente im Rumpf haben, sollten die Fahrwerksdrähte, wie übrigens bei jeder der genannten Varianten, möglichst an diesen Elementen befestigt sein. Viele Wege führen hier nach Rom. Einen sehen wir nachher noch beim Eigenbaumodell Albatros.

An dieser Stelle sei noch das Lieblingsfahrwerk des Autors beschrieben. Es besteht aus zwei Drähten, die unabhängig voneinander gebogen und anschließend miteinander verbunden werden. Sie werden einfach nur in passende Röhrchen im Rumpf gesteckt. So bleibt das Fahrwerk abnehmbar, obwohl die Röhrchen sehr fest im Rumpf, am besten in der Ecke zwischen Spant und Rumpfseite, verklebt sind. Die beiden Drähte werden

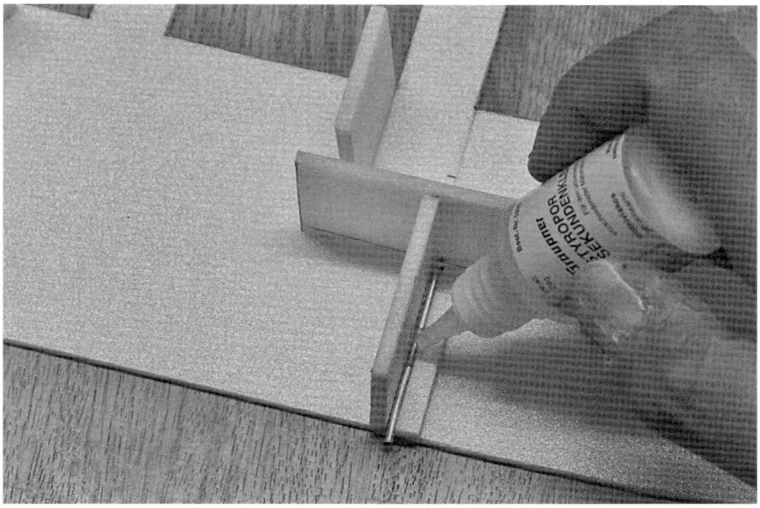

Die Röhrchen klebt man am besten in die Ecke zwischen Spant und Rumpfseitenwand. Reichlich Kleber sowie eine Extralage Depron hinter dem Röhrchen sorgen für eine gute Verbindung.

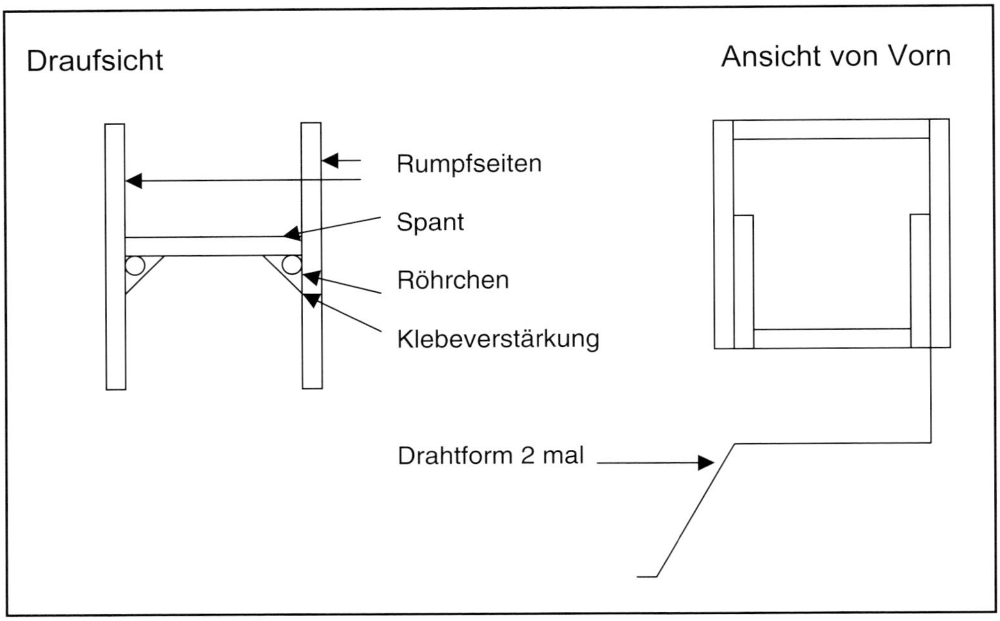

gleich gebogen und versetzt in die Röhrchen gesteckt. Anschließend werden die beiden Teile, die unter dem Rumpf hindurchlaufen, mit zwei Kabelbindern verbunden. So kann sich das Fahrwerk nicht mehr verdrehen.

Leider sehen Drahtfahrwerke oft etwa storchenbeinig aus, aber da kann man mit einer Verkleidung aus Depron Abhilfe schaffen. Allerdings sollte diese wirklich nur an den Fahrwerksdrähten befestigt sein und keinen Kontakt zum Rumpf haben. Sonst wird die Klebung schon bei der ersten Landung, wenn das Fahrwerk pflichtgemäß nach hinten ausweicht, abbrechen.

Zum Fahrwerk gehören natürlich auch noch die Räder. Bei einem leichten Depronmodell sollten auch sie möglichst leicht sein und im Durchmesser der Modellgröße und dem Untergrund angepasst sein. In der Halle reichen 25–30 mm völlig aus, auf einer Graspiste sind 40-mm-Räder schon eher knapp bemessen, und wenn es das Modell erlaubt, sollten die Räder noch größer sein.

Radverkleidungen sehen einfach nur gut aus, aber machen den Start von Gras schwieriger, und die Landungen sehen auch sehr holprig aus, wenn sich die Radschuhe im Gras verfangen. Sie sind also ein zweischneidiges Schwert. Trotzdem, ein „schönes“ Fahrwerk mit Verkleidungen ist ohne Frage eine Zierde des Modells, und jede Mühe, die man darauf verwendet, wird belohnt.

Einbau des Antriebs

Nachdem nun die meisten Punkte angesprochen sind, kümmern wir uns jetzt noch um den Einbau der Antriebskomponenten. Das sind im Einzelnen der Motor, die Luftschraube, der Akku und der Drehzahlsteller, denn schließlich wollen wir ja nicht laufend mit maximalem Strom fliegen, weil dann der Akku viel zu schnell leer ist.

Als Erstes der Motor: Seine Position ist durch die Auslegung des Modells vorgegeben. Es geht hier also nicht so sehr um das Wo, sondern eher um das Wie.

Normalerweise wird der Motor an einem Motorspant befestigt, der fest in das Modell eingebaut ist. Diese Verbindung ist allein schon deshalb wichtig, weil hier nicht

Von wegen, der Motor sitzt immer in der Spitze! Bei der Airco ist wirklich fast alles anders als bei „normalen“ Modellen.

zu unterschätzende Kräfte vom Motor auf das Modell übertragen werden. Je kräftiger der Motor, desto kräftiger müssen auch der Motorspant und der Rumpf an dieser Stelle sein. Dabei denken wir als Erstes an den Zug des Luftstroms, der das Modell nach vorn ziehen oder schieben soll. Diese Kraft wirkt geradlinig nach vorn. Weil das Modell ja im Regelfall dem Motor nachfolgt, ist das kein großes Problem, und der Motorspant müsste, wenn es nur um den Zug ginge, gar nicht besonders stabil sein.

Anders ist dies schon mit dem Drehmoment des Motors, das den Rumpf am liebsten verdrehen würde. Um das aufzufangen, braucht es eher einen stabilen und verdrehsteifen Rumpf als einen stabilen Motorspant. Bei Kreuzrümpfen gibt es da schon einmal Probleme. Sie erfordern eine stabile Rumpfnase, eventuell auch mit einer Diagonalver-

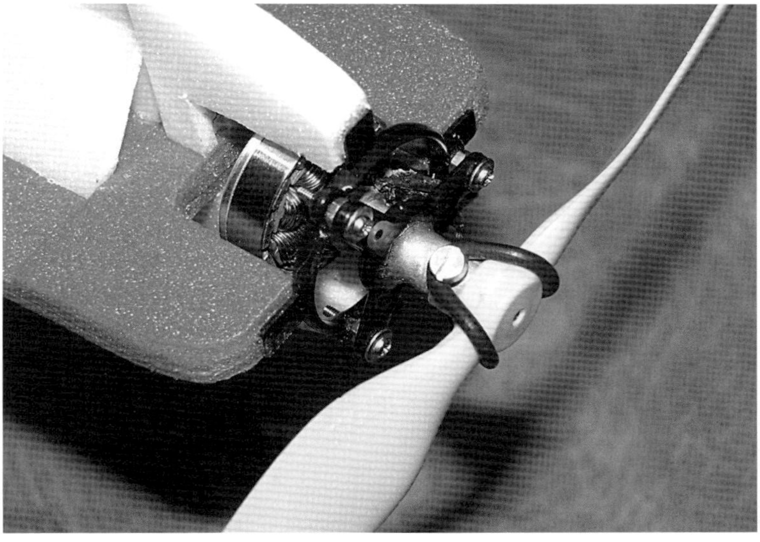

Motoreinbau bei der Caro mit Hilfe des einstellbaren Motorspants von STO, der für Kreuzrümpfe einfach ideal ist. Auch gut zu erkennen: die Propellerbefestigung mit einem Prop-Saver und einem Gummiring.

Motormontage vor dem Motorspant. Der große, flache Motor aus einem Dittolaufwerk fällt fast gar nicht auf und wird vor dem Motorspant auch noch gut gekühlt.

steifung. Die hilft dann auch dabei, die Kreiselkräfte von Außenläufer und Luftschraube aufzufangen, die man gerade bei 3-D-Kunstflugmodellen nicht außer Acht lassen sollte. Die rotierenden Massen sind hier nicht zu unterschätzen und haben eine enorme Trägheit. Mehr als einem Piloten ist schon bei einer kunstvollen Rolle oder einem extrem engen Looping der Motor samt dem Spant aus dem Modell gerissen. Da hilft nur ein stabiler Spant und eine großflächige Verklebung des Spants mit einer relativ stabilen Nase.

Die größten Kräfte aber wirken auf die Motorhalterung, wenn eine Landung mal nicht so perfekt gelingt und der Propeller Bodenkontakt bekommt, gar durch den Boden angehalten wird. Dann treten ungeahnte Hebelkräfte auf, die kein Motorspant und keine Rumpfnase aushält.

Mittlerweile bevorzugt der Autor bei Kastenrümpfen einen selbst gemachten Spant aus Balsasperrholz, der mindestens 3 mm dick ist. Wenn möglich, darf es auch gern etwas mehr Materialstärke sein. Balsaholz nehme ich, weil es leicht und gut zu bearbeiten ist und weil man damit relativ große Klebeflächen realisieren kann. Natürlich geht auch ein weit ausgeschnittener Sperrholzspant oder ein Motorspant aus GFK-Plattenmaterial. Letzterer sollte dann aber unbedingt an den Klebestellen aufgeraut sein und diese sollten eine relativ große Fläche aufweisen, sonst hat man daran keine Freude.

Beim Einbau des Motors ist auch unbedingt der Motorsturz, also die Neigung der Motorwelle nach unten, und auch etwas Seitenzug nach rechts zu berücksichtigen. Je mehr Auftrieb das Profil produziert, desto mehr Motorsturz braucht das Modell. Wohl dem, der eine Verstellmöglichkeit für Sturz und Seitenzug vorgesehen hat! Damit kann man nachträglich die Werte anpassen, denn sie lassen sich leider im Voraus nicht berechnen.

Sehr gut gefällt dem Autor da der Motorspant von STO für Kreuzrümpfe, denn hier gibt es kleine Laschen, die man ins Material kleben kann, und später sind Sturz und Seitenzug mittels Schrauben feinfühlig einstellbar. Gerade für Kunstflugmodelle lohnt sich der Aufwand, der aber eigentlich zur Einflugprozedur jedes Modells gehört.

Unsere schon so oft erwähnten Gewichtsfanatiker mit den 3-D-Modellen in der 100–120-g-Klasse lassen den Motorspant übrigens komplett weg und kleben den Motor in das Depron des Modells. Das geht natürlich auch, besonders wenn der Motor in einem ausreichend langen Rohr endet, aber nach dem Einkleben hat man so gut wie keine Möglichkeit mehr, etwas an der Position zu korrigieren, und es besteht die Gefahr, dass Klebstoff in das hintere Motorlager läuft.

Die Luftschraube wird natürlich auf der Motorwelle befestigt. So weit ist alles klar, aber auch hier besteht der Unterschied im Wie. Die Luftschraube sollte alle Drehungen der Motorwelle mitmachen und, ebenso natürlich, auch nicht allein davonfliegen. Diese Forderungen sind am besten mit einer starren Befestigung der Luftschraube auf der Motorwelle, möglichst geschraubt oder zuverlässig geklemmt, zu erreichen.

Mittlerweile haben die meisten Piloten aber so genannte Prop-Saver im Einsatz, bei denen die Luftschraube durch einen O-Ring auf einem Aluminium-Drehteil gehalten wird. Beim ruckartigen Einschalten des Motors wird so der erste Schlag abgefedert und das Motordrehmoment etwas gedämpft auf den Rumpf übertragen. Wichtiger ist der Prop-Saver, wenn der Propeller einmal „ins Gras beißt", also beim Start oder bei einer Landung Bodenberührung bekommt. Dann kann er ausweichen, und die Kräfte, die der O-Ring aufnimmt, müssen nicht mehr von der Motorhalterung absorbiert werden. Daher sind Prop-Saver mittlerweile bei den kleinen Elektromodellen fast zum Standard geworden.

Der Einbau des Akkus sollte ebenfalls mit besonderer Überlegung erfolgen. Trotz moderner Akku-Technologien ist der Akku in den meisten Fällen immer noch die schwerste Einzelkomponente im Modell. Auch darf er nicht fest in das Modell installiert werden, denn zum Laden wollen wir ihn ja möglichst einfach wechseln.

Ideal ist es, wenn:

1. der Akku im Schwerpunkt des Modells liegt;
2. der Flügel zum Akkuwechsel nicht demontiert werden muss;
3. die Akkuklappe auf der Oberseite des Modells sitzt;
4. die Akkuklappe ohne Werkzeug geöffnet und geschlossen werden kann;
5. der Akku im Falle eines Absturzes das Modell verlassen kann, ohne ernste Schäden anzurichten;
6. der Akku Kühlluft bekommt, um nicht zu heiß zu werden;
7. die Kabel zum Regler möglichst kurz sind und nicht am Empfänger vorbeilaufen.

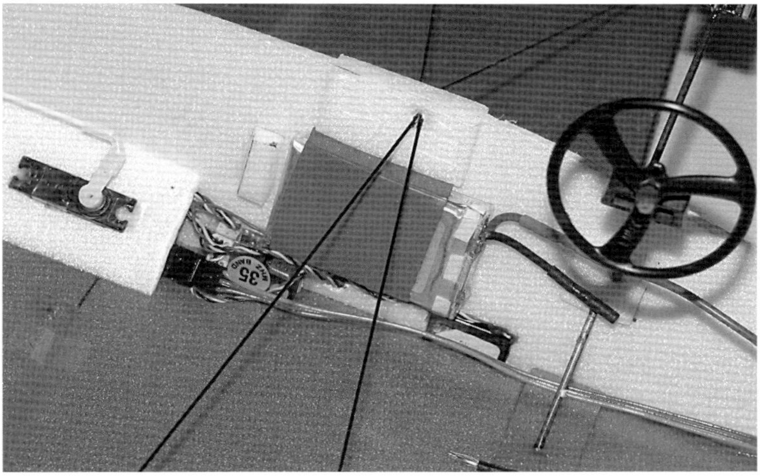

Bei der Caro sitzt der Akku in einer kleinen Tasche aus rotem Schrumpfschlauch. Der Depronklotz hinten dient als Anschlag.

Diese Reihenfolge stellt zwar keine Wertung dar, aber arbeiten wir die Punkte doch ruhig einmal von oben nach unten ab.

Zu 1.: Wenn der Akku im Schwerpunkt liegt, kann man auch mit unterschiedlichen Zellenzahlen und Akku-Größen experimentieren. Gerade in der Umbruchphase von NC/NiMH-Akkus auf LiPo-Zellen ist das ein Argument, denn so manches Modell braucht im Moment noch das Akkugewicht, um den Schwerpunkt passend zu machen.

Zu 2.: Es ist nicht nur bequemer, den Flügel nicht demontieren zu müssen, sondern man macht nach dem Akkuwechsel auch keine Fehler bei der Wiederbefestigung des Flügels.

Zu 3.: Ein Flugmodell auf den Rücken zu legen, hat nie Vorteile; zu leicht bricht man dabei etwas ab.

Zu 4.: Bequemlichkeit ist bei der Wartung alles, außerdem ist das Werkzeug immer gerade dann nicht zur Hand, wenn es gebraucht wird.

Zu 5.: Es wäre doch schade, wenn der Motor, der Regler oder andere Komponenten bei einem Absturz noch zusätzlich durch den Akku beschädigt würden. Das verteuert die Reparatur unnötig.

Zu 6.: Gerade im Sommer brauchen sämtliche Akkus, wenn sie an ihrer Leistungsgrenze betrieben werden, Kühlung.

Zu 7.: Eine räumliche Trennung von Antriebsstromkreis und Empfänger hilft, Störungen zu vermeiden.

Nun, alle Forderungen gleichzeitig lassen sich wohl nie erfüllen, aber der Konstrukteur eines Modells sollte bestrebt sein, möglichst viele der oben genannten Punkte zu berücksichtigen.

Ein seltener Schnappschuss einer sich abzeichnenden Katastrophe: Im Rückenflug hat der lose im Rumpf liegende Akku die Haube weggedrückt. Sie ist, ebenso wie der am Kabel hängende Akku, unter dem Modell zu sehen.

Bleibt noch der Drehzahlsteller. Gehört er zum Antrieb oder gehört er zur Fernsteuerung? Egal, räumlich ist er so weit vom Empfänger entfernt zu platzieren wie nur möglich. Ideal ist es, wenn der Drehzahlsteller seinen Raum in der Nähe des Motors und des Akkus findet, schließlich ist er die Verbindungsstelle zwischen Stromversorgung und Motor, und es ist einfacher, das Empfängerkabel zu verlängern, als die Motor- oder Akkukabel anzupassen. Außerdem sollte der Regler, wenn möglich, auch etwas Kühlluft erhalten, denn eine gekühlte Elektronik lebt immer länger als eine heiße.

Der Regler sollte aber wiederum nicht so eingebaut werden, dass er dem Akku bei einem Absturz den Weg aus dem Modell versperrt. In der Regel hat der Akku die deutlich höhere Masse, und es ist der Regler, der den Kürzeren zieht. So ist der ideale Platz für den Regler normalerweise unter der Akkurutsche im Rumpf.

Für die Betriebssicherheit ist noch wichtig, dass sämtliche Kabel ausreichend lang sind und eine Zugentlastung haben, damit man das Reglerkabel beim Akkuwechsel nicht so weit aus dem Empfänger zieht, dass es beim nächsten Flug auf Sicherheitshöhe aus dem Stecker rutscht. Zu viel Fantasie? Nein, Erfahrung!

Spaß beiseite, das ist alles schon vorgekommen und kann mit etwas Sorgfalt beim Einbau der Komponenten vermieden werden. So viel Zeit sollten wir in den Werterhalt des Modells und in die allgemeine Sicherheit investieren.

Interessante Bausatzmodelle

Jetzt haben wir uns wohl lange genug mit der Theorie gequält und können uns endlich den Modellen zuwenden. Bevor es aber um den Eigenbau aus Depronplatten nach Bauplänen oder eigenen Ideen geht, wollen wir uns noch einige Bausatzmodelle aus Depron ansehen. Vielleicht kann man da ja das eine oder andere noch lernen und das Gelernte dann auf eigene Modelle anwenden.

Der Autor hat nun die Qual der Wahl, denn waren industriell hergestellte Depronmodelle vor einiger Zeit noch eine Rarität, so überschwemmen sie jetzt beinahe den Markt, und selbst die großen Hersteller können nicht umhin, Flugmodelle aus Depron anzubieten. Schon gibt es eine schier unübersehbare Flut von Modellen aus diesem traumhaften Werkstoff, und es scheinen jeden Monat mehr zu werden. Sie alle zu testen wäre Traum und Albtraum des Autors zugleich, also beschränken wir uns an dieser Stelle auf wenige markante Modelle, die wir uns dann etwas genauer ansehen und vor allem bauen und fliegen. So haben wir die Zeit und den Raum, uns mehr um die Bauweise und interessante Besonderheiten der Modelle zu kümmern.

Bausatzkonstrukteure haben immer wieder gute Ideen, die man häufig adaptieren kann, während andere Ideen zwar genial sind, dem Bastler aber nichts bringen, da uns die entsprechenden technischen Möglichkeiten nicht zur Verfügung stehen.

Die Piper Cherokee von Graupner

Piper Cherokee, Cessna 182, Spacewalker und Super Decathlon sind klingende Namen, sowohl im Bereich der manntragenden Fliegerei als auch bei den Modellpiloten. Jeder von uns hat doch schon einmal von einem Modell des einen oder anderen Typs geträumt, oder? Mir geht es jedenfalls so, und so war der Autor hoch erfreut, im Graupner-Neuheitenkatalog 2005 genau diese Modelle als Parkflyer aus Depron zu sehen. Manchmal werden halt Wünsche war, und als die Modelle dann noch im gleichen Frühjahr in den Läden waren, war es um den Autor geschehen.

Sehen wir uns erst einmal die Gemeinsamkeiten an: Spannweite 860 mm und 420 g Abfluggewicht versprechen eine Flächenbelastung von 26,5 g/dm^2; das ist ein guter Wert für einen flotten Parkflyer. Dafür spricht auch der Antrieb mit einem Speed 400, 7,2 V, der zwar nicht gerade Hightech ist, aber dafür solide und preiswert. Die Stromversorgung soll ein zweizelliger LiPo-Akku mit 1.000 mAh übernehmen. Das ist der Tribut an die neuen Zeiten und auch vollkommen in Ordnung, denn hier wird tatsächlich Gewicht eingespart, und früher oder später kommt man an den kleinen Energieriegeln nicht mehr vorbei.

Ebenfalls wichtig, die Modelle sind sehr weit vorgearbeitet und versprechen schnelle Flugerlebnisse ohne lange Bauphasen. Sogar das farbenfrohe und zudem vorbildgetreue Fi-

Die Piper Cherokee wartet auf Startfreigabe. Oder ist es doch nur ein Depronmodell?

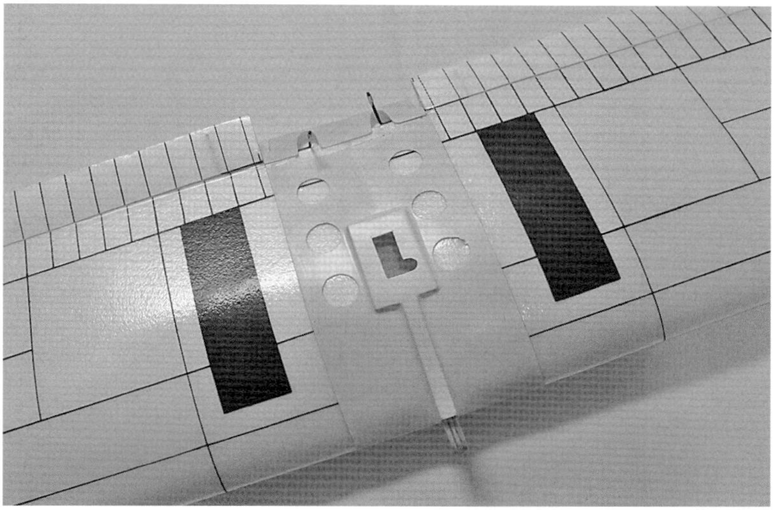
Die Flächenmitte, wie sie aus dem Baukasten kommt. Die Mittelverstärkung hat schon den passenden Ausschnitt für das Servo, und die Anlenkungen der Querruder sind ebenfalls fertig.

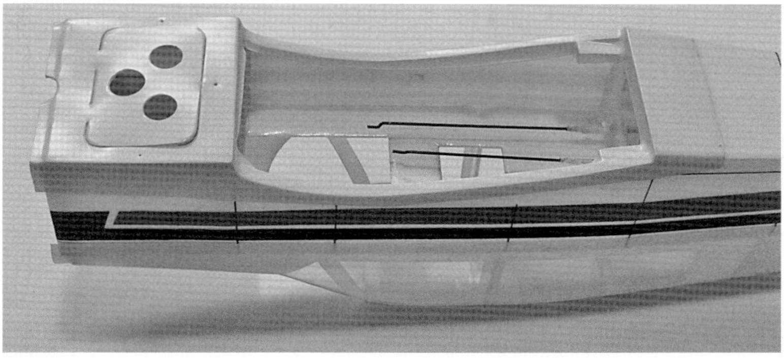
Der Rumpf im Lieferzustand, mit eingeschobenen Schubstangen und der ausgestanzten Akkuklappe, die leider etwas lieblos gemacht ist.

Die Cherokee im Tiefanflug. Die Radverkleidungen tragen eine Menge zum Flugbild bei und sollten deshalb nicht fehlen.

Kleiner Mann mit kleinem Flugzeug. Aber es gibt keinen Grund, so skeptisch dreinzuschauen. Auf dem Flugplatz macht die kleine Cherokee eine gute Figur.

nish soll schon fertig sein. Zu guter Letzt dann noch der Preis: Rund 50 € sind nun wirklich nicht viel Geld, wenn die Modelle halten, was sie versprechen. Beim Fachhändler meines Vertrauens war dann die Cherokee als erstes Modell verfügbar und der „Baukasten" konnte ausgiebig inspiziert werden. Bei dem Preis blieb die Cherokee auch nicht im Laden, ja, schon eine halbe Stunde später lag das Modell mit den notwendigen Komponenten auf dem Basteltisch.

Die Fläche ist einteilig aus Depron gebaut, wobei das Depron offensichtlich schon vor dem Bau mit einer Folie überzogen wurde, auf der das Finish, also sowohl die Beplankungsstöße also auch die farbigen Absätze, bereits aufgedruckt ist. Diese Folie ist das erste Element, das diese Bausätze so besonders macht, denn durch die Folie sieht das Modell schon nicht mehr wie ein Depronmodell aus und ist zudem deutlich unempfindlicher als eine normale Depronplatte. So wie eine Schicht Paketband an der Nasenleiste eines Flügels schon Wunder wirkt, so ist hier das ganze Modell geschützt und verstärkt. Außen sind die Flächen mit aufgesetzten Randbögen aus ABS-Tiefziehteilen fertig verschlossen, und auch die Querruder – alle Modelle werden nämlich über drei Achsen gesteuert – sind bereits mit Scharnierband angeschlossen. In der Flächenmitte gibt es eine Knickverstärkung aus ABS, in welche die Öffnung für das Querruderservo schon eingefräst ist. In die Flächenunterseite – immerhin ist die Cherokee ein Tiefdecker – ist ebenfalls ein ABS-Teil eingelassen, an das die beiden Hauptfahrwerksdrähte geklebt werden.

Offensichtlich ist die Fläche „rippenlos" gebaut. Das Profil ergibt sich über die Flächenwölbung und den Holm bei ca. 35 % der Flächentiefe.

Nach dem Kauf habe ich bei meiner Cherokee dann leider festgestellt, dass die Folie nicht 100-prozentig mit der Flächenoberseite verklebt ist, denn sie löst sich immer wieder vom Holm. Im Flug hat das aber keine Auswirkungen auf die Stabilität. Später, als ich wieder einmal beim Fachhändler war, hat sich dann bei der Inspektion anderer Bausätzen dieser Serie gezeigt, dass es sich bei meinem Exemplar wohl um einen Ausreißer aus der ersten Serie handeln muss.

Die Leitwerke sind ebenfalls aus 3-mm-Depron, das beidseitig mit Folie kaschiert ist; die Ruder sind bereits fertig angeschlagen. Offensichtlich werden die Ruder ausgestanzt, denn das Material wirkt an den Kanten dünner, aber das macht ja nichts.

Der Rumpf der Cherokee ist fertig gebaut, und hier haben sich die Konstrukteure wieder etwas einfallen lassen. Nur der untere Teil der Rumpfseiten und der hintere Rumpfboden sind aus dem kaschierten Depron, offensichtlich sogar aus einem Teil gebogen. Das komplette Rumpfoberteil dagegen ist aus transparentem Tiefziehmaterial, das an den entscheidenden Stellen lackiert ist, so dass nur noch die Fenster durchsichtig sind. Wenn man die Maschinen hat, um Kunststoff tiefzuziehen, ist das wohl die beste Methode, komplexe Formen herzustellen. Für die Cherokee könnte ich mir jedenfalls nichts Besseres vorstellen.

Die Flächenaufnahme und der vordere Rumpfboden mit der Akkuklappe sind aus weißem Material tiefgezogen. Im Rumpf gibt es zwei Spanten und einen Zwischenboden aus Depron sowie das „Brandschott" aus Sperrholz, an dem der Motorhalter und das lenkbare Bugfahrwerk befestigt werden. Hier verlangt die Stabilität eben einmal ein anderes Material. Alle Teile sind, wie schon erwähnt, miteinander verklebt, und der Rumpf ist wirklich bis auf einige Montagearbeiten fertig.

Drei Servos der 6-g-Klasse und ein leichter Empfänger bilden die Fernsteuerung und ein Speed 400 für 7,2 V mit einem angeflanschten Regler sowie einem Präzisionsspinner und ein 6,6×3-Zoll-Propeller bilden bei Graupner das Antriebsset Direkt Drive Speed 400 Plus. Dazu kommt dann noch der zweizellige LiPo-Akku.

Alle anderen Teile, also Anlenkungen, Räder, Radverkleidungen usw., befinden sich im Bausatz, und mit Hilfe der Bauanleitung, obwohl es wahrscheinlich auch ohne sie gegangen wäre, ist das Modell nach zwei Stunden Montagezeit fertig. Das geht unter anderem so schnell, weil so gut wie gar nicht geklebt werden muss. Also hätte man die Montage, von Bau ist da nicht zu sprechen, auch genauso gut auf dem Wohnzimmertisch oder dem Schreibtisch erledigen können. Ein nicht zu unterschätzendes Argument!

Die Ruderausschläge sind dank der Computerfernsteuerung schnell eingestellt und der Schwerpunkt liegt mit den vorgeschriebenen Komponenten knapp vor der Baukastenangabe, was erst einmal gar nicht so schlimm ist. Besser leicht kopflastig als hecklastig.

Wenn sich ein Modell so schnell bauen lässt, mag man auch nicht lange auf den Erstflug warten, selbst wenn der Wind nicht gerade schwach ist. An Bodenstart ist mit den Radverkleidungen bei Rasen allerdings nicht zu denken. Deshalb wird das Modell hinter dem Flügel gegriffen und von einem Vereinskameraden leicht gegen den Wind geworfen. Der Speed 400 zieht das Modell von Anfang an souverän in den Himmel. Natürlich nicht senkrecht, aber eben so sicher, das man wirklich nicht von Leistungsmangel reden kann. Nach einer Runde ist eine sichere Höhe erreicht und nach leichten, aber wirklich nur leichten Trimmkorrekturen fliegt die Cherokee schon so, wie man es sich vorstellt. Im Reiseflug wird auf halben Strom gedrosselt und wir können locker unsere Kreise ziehen, wobei schnell klar wird, dass die kleine Piper ganz und gar nicht langsam ist. Die Optik passt in jeder Phase zum Vorbild, das ja auch schon zu den schnelleren unter den Sportflugzeugen gehört. Überhaupt ist sie in der Luft eine echte Schönheit. All die kleinen Stellen, bei denen man am Boden bei genauer Betrachtung meint, dass man sie hätte sorgfältiger oder liebevoller machen können, fallen im Flug nicht mehr auf und das Modell macht richtig was her.

Fliegerisch ist alles ganz easy! Sie lässt sich locker mit Höhen- und Querruder um die Kurven fliegen, aber Kurven mit Quer- und Seitenruder sehen, wie immer, noch etwas besser aus. Die Motorleistung ist okay und zwölf Minuten Flugzeit dank LiPo-Technologie reichen auch voll und ganz aus.

Also kommt jetzt das verschärfte Programm! Mal sehen, ob auch Kunstflug geht. Der erste Looping geht so, der zweite, mit Fahrt angeflogen, sieht schon richtig gut aus. Das Gleiche gilt für die Rollen, die mit etwas Übung fast wie an der Schnur gezogen gehen, und mit vollem Seitenruderausschlag geht auch der Turn in Ordnung. Zum Rückenflug muss man das Tiefenruder halb durchdrücken, aber auch das ist normal, denn wir haben ja keine Kunstflugmaschine mit symmetrischem Profil, wie auch die Motorleistung nicht die eines 3-D-Modells ist. Langweilig wird es also nie, wobei es eine andere Frage ist, ob eine Cherokee im Rückenflug wirklich ästhetisch ist.

Wenn schon LiPo-Akku, dann auch bürstenlose Motoren! So lautet häufig die Devise, aber bei der Cherokee stimmt das meiner Meinung nach nicht, denn der Speed 400 macht seine Sache wirklich gut und läuft, da er in diesem Modell kein Getriebe braucht, auch sehr schön leise. Ein passender Außenläufer könnte das sicher auch und würde zudem noch Gewicht sparen, aber dann müsste man erst einmal sehen, ob der Schwerpunkt nicht zu weit nach hinten wanderte.

„Never touch a running System!“, sagen die Computerfreaks und haben damit an dieser Stelle Recht. Die Piper Cherokee von Graupner leistet sich keine Schwächen und kann aus dem Bausatz heraus mit den empfohlenen Komponenten gut geflogen werden. Die Bauweise mit folienkaschierten Depron- und Tiefziehteilen ist absolut interessant. Aber leider hat der normale Kellerbastler nicht die Möglichkeit, seine Eigenkonstruktionen ähnlich aufzubauen. Schade, schade, aber da kann man nichts machen, und dem Modell ist das auch nicht anzulasten.

Da die anderen Modelle aus dieser Serie prinzipiell gleich aufgebaut sind und auch die gleichen technischen Daten aufweisen, gibt es keinen Grund anzunehmen, dass sie sich in den Flugeigenschaften deutlich von der Cherokee unterscheiden. Den größten Unterschied gibt es hier wohl noch beim Fahrwerk, denn die Modelle mit Dreibeinfahrwerken, also die Cherokee und die Chessna 182, haben auf Rasenpisten deutlich Nachteile, egal ob mit oder ohne Radverkleidungen. Wer also auf einen Bodenstart von einer Rasenpiste Wert legt, sollte eher zur Super Decathlon oder zum Spacewalker, also zu einem Modell mit Zweibeinfahrwerk greifen.

Technische Daten:

Spannweite	860 mm
Länge	655 mm
Tragflächeninhalt	17 dm^2
Gewicht	425 g
Flächenbelastung	24,7 g/dm^2
Motor	Speed 400, 7,2 V
Akku	zwei Zellen LiPo 1.000 mAh

Aus dieser Perspektive sind die gewölbten Tragflächen gut zu erkennen. Mit diesem Flügelprofil kann das Modell einfach nicht schnell werden, aber das Vorbild war es ja auch nicht.

Die Airco DH 2 von Kavan

Die Flugzeuge aus den Kindertagen der Fliegerei haben es den Modellfliegern schon immer angetan, und ausgerechnet die unselige Zeit des Ersten Weltkriegs hat die Fliegerei stark nach vorn und uns Modellfliegern eine Menge interessanter Vorbilder für schöne Flugmodelle gebracht.

Gerade bei den Park- und Slowflyern, die so gern aus Depron gebaut werden, sind diese Vorbilder sehr beliebt, denn sie waren selbst sehr langsam und hatten viel Flügelfläche, um ausreichend Auftrieb zu produzieren. So kann es dann auch nicht verwundern, dass die ersten industriell gefertigten Slowflyer immer wieder Vorbilder aus dieser Zeit hatten.

Leider ohne Pilotenfigur, aber immerhin, der Beweis ist erbracht: Das Modell fliegt und hat in der Luft doch sehr viel mit dem Vorbild gemeinsam.

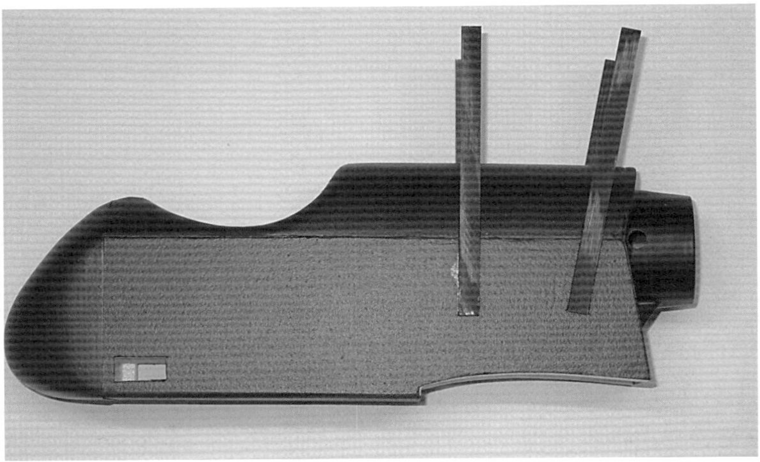

Das Rumpfvorderteil mit den Servoausschnitten und den Flächenstielen. Den Übergang zwischen dem Depronrumpf und der tiefgezogenen Rumpfnase aus ABS sieht man kaum.

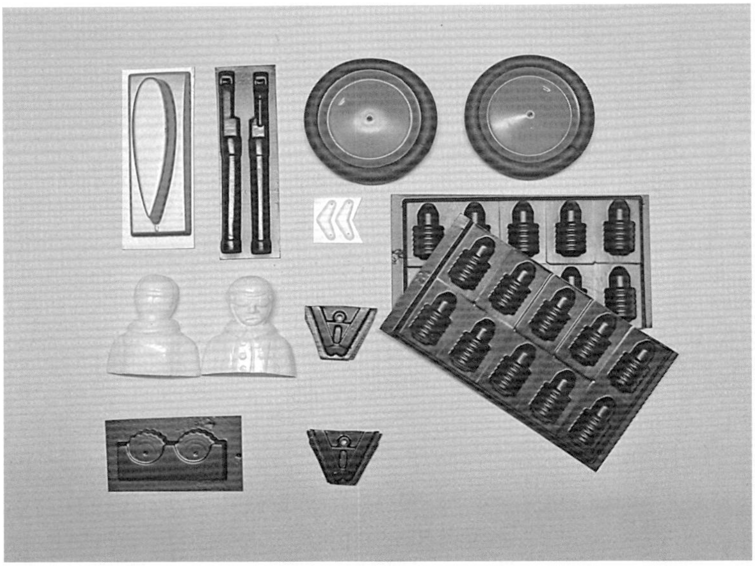

Reichlich Zubehör aus Tiefziehteilen vervollständigen das Bild der DH 2. Allein die Zylinderattrappen sind einen ganzen Bastelabend wert.

Man denke nur an die Pfalz und die Spad von Simprop. Diese Modelle hatten als Erste tiefgezogene Depronrümpfe und Flächen mit Hohlprofil, die dazu noch fertig lackiert aus der Schachtel kamen.

Mittlerweile finden wir im Katalog der Firma Kavan ebenfalls eine ganze Serie von Parkflyern in Depronbauweise, deren Vorbilder aus dieser Zeit stammen. Nachdem beim Autor schon längere Zeit ein Sopwith Triplane erfolgreich im Einsatz war, kam der Wunsch nach einem noch ungewöhnlicheren Flugzeug auf. Da bot sich die Airco DH 2 mit ihrem Druckmotor förmlich an.

Das Vorbild war seinerzeit ein recht erfolgreicher Jäger, auch wenn er nach relativ kurzer Zeit schon überholt war. Immerhin war die Airco damals das erste Flugzeug mit einem nach vorn schießenden Maschinengewehr. Die anderen Flugzeugmuster hatten hier noch ein Problem. Da es keine mit der Schraubenumdrehung synchronisierten Ma-

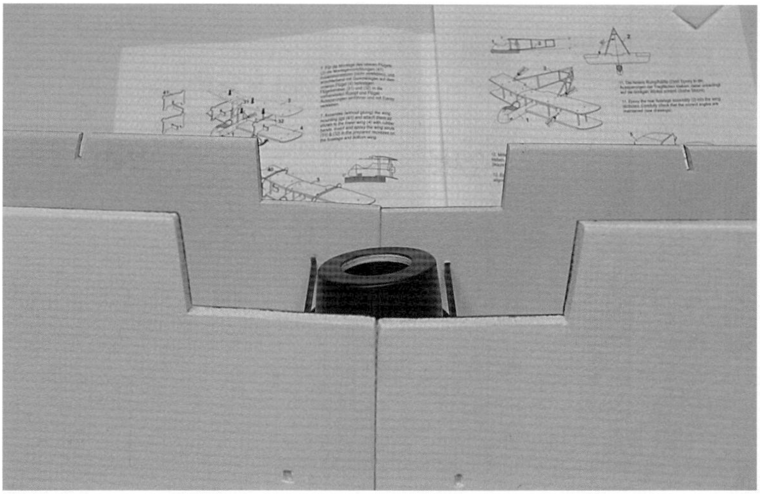

Hier sieht man sehr deutlich den starken Seitenzug des Motors, der durch den Motorspant vorgegeben ist. Das sieht zwar nicht sehr gut aus, aber wenn es die Flugeigenschaften verbessert ...

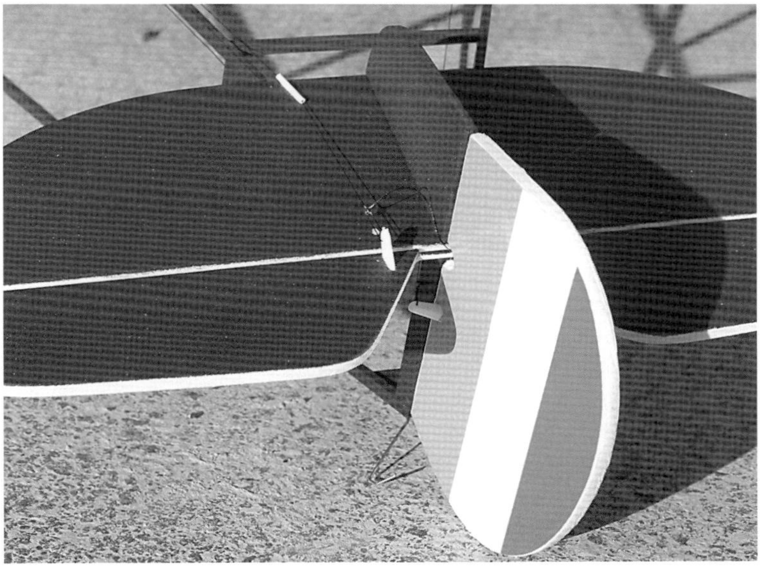

Das Leitwerk mit den Seilzuganlenkungen passt perfekt zum nostalgischen Aussehen des Modells.

schinengewehre gab, konnte man nicht mit dem ganzen Flugzeug auf den Gegner zielen. Bei der DH 2 mit ihrem Druckmotor hatte der Pilot jedoch ein freies Schussfeld und war so deutlich treffsicherer als seine Konkurrenten.

Als Doppeldecker mit einem kompletten Rumpf vorn und einem Gittergerüst heckseitig gibt die DH 2 in der Luft ein fast einmaliges Bild ab. Und früher oder später muss man so ein Modell einfach einmal haben, oder?

Der Bausatz von Kavan ist wie gewohnt vollständig; es liegen alle Anlenkungsteile und sogar der Antrieb bei. Eine Sichtung der Bausatzteile fördert als Erstes die vielen Flächenteile zutage, die schon passend geformt, zugeschnitten und lackiert sind. Selbst die V-Form ist bereits vorgegeben. Die Leitwerke sind ebenfalls fertig gebaut und lackiert; entgegen der Bauanleitung sind sogar die Scharniere schon verklebt. Gleiches gilt für den kurzen Rumpf und die beiden Leitwerksträger aus Kiefernleisten, die ebenfalls schon komplett gebaut und braun lackiert sind.

Beim Rumpf haben es sich die Konstrukteure von Kavan einfach gemacht und sowohl die Rumpfnase als auch den Motorspant aus tiefgezogenem Kunststoff an das Depronteil geklebt. Da aber alles einheitlich lackiert ist, fällt dies kaum auf und kann in keinem Fall als Nachteil gewertet werden. Wohl dem, der diese Möglichkeiten hat! Als Bastler hätte man sie manchmal auch ganz gern. Sämtliche Teile des Bausatzes machen einen sehr soliden Eindruck und wirken sehr stabil. Für einen Parkflyer ist das in Ordnung, und etwas anderes will die Airco DH 2 dann auch nicht sein. Indoor-Ambitionen lassen sich mit diesem Modell sicher nicht verwirklichen.

Der Zusammenbau geht mit Hilfe der bebilderten Bauanleitung zügig von der Hand, besonders weil keinerlei Lackierarbeiten anfallen. Je nach Geduld kann man die lackierten Depronteile entweder mit Weißleim, Epoxydharz oder Sekundenkleber verbinden, wobei ich persönlich vom Sekundenkleber abrate, denn der hinterlässt auf den braunen Teilen leicht einen weißen Schleier.

Also nehmen wir uns bei diesem Modell zu Gunsten der Optik lieber etwas mehr Zeit und verwenden für die meisten Klebestellen Weißleim. Einen solchen Oldtimer baut man nicht, um damit nur kurz Spaß zu haben, er soll ein Modell werden, das auf Grund seines Aussehens etwas darstellt, und die Qualität der Teile ist für ein Ausstellungsobjekt auch mehr als ausreichend.

Doch noch aus einem anderen Grund sollte man Sorgfalt walten lassen. Ein Doppeldecker ist immer ein sensibles Modell, wenn es um die Stellung geht, welche die beiden Tragflächen zueinander und zum Leitwerk haben. Hier kann man leicht entscheidende Fehler machen, die nachher dazu führen, dass das Modell einfach nicht richtig fliegen will. Um das zu verhindern, haben sich die Leute bei Kavan einiges einfallen lassen. Die beiden unteren Tragflächenhälften sind, wie auch das obere Flächenpaar, schon in die passende V-Form geschnitten und werden stumpf zusammengeleimt. Die Positionen der Flächenstiele sind bei beiden Flächenpaaren markiert. Zum Ausschneiden der Löcher für die Stiele braucht es wieder Sorgfalt und ein spitzes Skalpell. Dabei sollten die Löcher ruhig etwas zu klein geschnitten werden, denn dann gehen die Stiele stramm hinein und fixieren sich automatisch.

Das untere Flächenpaar fügt sich perfekt in die Öffnung im Rumpf und kann dort ausgerichtet und verklebt werden. Anschließend kommen die mitgelieferten Schablonen aus Depron zum Einsatz. Mit ihrer Hilfe wird die obere Fläche auf der unteren mit der passenden Anstellwinkeldifferenz gehalten. Erst jetzt werden die Flächenstiele durch die Löcher gesteckt und nach erneutem Ausrichten und Kontrollieren verklebt. Mit Hilfe der Schablonen muss einfach alles passen, und der Modellbauer hat keine Möglichkeit, einen Fehler zu machen. Der Trick ist einfach so gut, dass man ihn notieren muss, wenn man über einen eigenen Doppeldecker nachdenkt.

Dreidecker sind in dieser Hinsicht übrigens noch kritischer, und der Autor konnte sich selbst davon überzeugen, dass diese Methode, Mehrdeckerflächen zu fixieren, auch hier perfekt funktioniert.

Wenn die Flächenverklebung getrocknet ist, geht es an das Heck des Modells, das bei der Airco DH 2 nun wirklich etwas Besonderes ist. Mit Hilfe der Bauanleitung gelingt es aber ganz gut, die beiden Gestelle aus Kiefernleisten korrekt miteinander und mit den Flächen zu verbinden, damit das Höhenleitwerk im richtigen Winkel zu den Tragflächen sitzt. Messen, prüfen, korrigieren und wieder messen, das sind die Aufgaben, die zum Erfolg führen.

Ist das Modell erst einmal komplett montiert, geht es zügig weiter. Der Speed 400 mit dem relativ kleinen Propeller hat einen starken Seitenzug nach links, aber auch das muss so sein, und er kann mit seinem Hilfsspant aus GFK an das tiefgezogene Rumpfheck geschraubt werden. Die Motorattrappe aus ABS-Tiefziehteilen ist da schon eher eine Geduldsprobe, aber das Modell sieht mit ihr einfach besser aus; man sollte sie also in keinem Fall weglassen.

Interessant ist auch die Anlenkung von Höhen- und Seitenruder. Die Konstrukteure bei Kavan haben hier die vorbildgetreue Lösung mit Seilzügen gewählt, wohl, weil es so gut passt; aber ehrlich gesagt wäre mir auch keine bessere Lösung eingefallen. Die sichtbaren Servoarme an der Außenseite des Rumpfboots sind übrigens ebenfalls vorbildgetreu. Genau von dort aus verliefen beim Vorbild auch die Steuerseile zum Leitwerk. Gespannt werden die Steuerseile an den Ruderhörnern mit Drahtlaschen, was ebenfalls sehr gut funktioniert und die Optik nicht stört.

Der Empfänger sitzt in der Airco ganz vorn in der Nase, die Antenne wird aus Sicherheitsgründen zum Fahrwerk geführt. Der achtzellige Antriebsakku aus KAN 1050-Zellen sitzt direkt im Ausschnitt der Pilotenkanzel, und der Fahrregler mit einer Belastbarkeit von 20 A liegt auf dem Zwischenboden im Rumpf zwischen Akku und Motor. Damit passt der Schwerpunkt genau.

Für das Aussehen des Modells werden jetzt noch ein Maschinengewehr und die Pilotenpuppe installiert, denn so ganz ohne sieht das Cockpit einfach leer aus. Dabei hat der Pilot erst einmal etwas Arbeit gemacht und dann doch noch reichlich Hirnschmalz verbraucht. Schließlich hat der Akku etwas Klettband bekommen, um den Piloten auf ihm befestigen zu können. Nicht die beste Lösung, aber eine bessere ist mir nicht eingefallen, und die Bauanleitung hatte auch keinen besseren Vorschlag parat.

Mit gut 500 g ist die Airco DH 2 dann wirklich kein Indoor-Modell mehr, aber als Parkflyer liegt sie noch durchaus im Rahmen. Sorgen bereitet da schon eher die Antriebsauslegung mit dem Speed 400, 6 V, im Direktantrieb mit relativ kleinem Propeller. Eigentlich ist das ein Antrieb für ein deutlich schnelleres Modell. Ein Getriebeantrieb mit einem großen Propeller wäre sicher besser, aber leider lässt das Modellkonzept mit dem Druckantrieb nichts anderes zu. Auf der Startbahn faucht der Motor dann auch heftig los, während sich die Airco so behäbig wie das Vorbild in Bewegung setzt. Etwas Gegenwind reduziert die Rollstrecke auf ca. 15 m, danach geht es langsam, aber vorbildgetreu in die Höhe und es kann für den Horizontalflug gedrosselt werden.

Nach einigen Eingewöhnungsrunden entspannt sich der Pilot. Das Modell fliegt so, wie es vom Vorbild her passt: langsam und behäbig, aber durchaus nicht so, dass man es als Pilot nur mühsam in der Luft halten könnte. Dafür wird man durch das einmalige Flugbild des Modells entschädigt. So ein Modellflugzeug sieht man nur ganz selten auf den Flugplätzen und Meetings, und da verzeiht man so einiges an kleinen Unarten. Unter „Halbgas“ sinkt die DH 2 leicht, im Segelflug schlägt der Luftwiderstand dann richtig zu und der Gleitwinkel gleicht dem eines Klappstuhls. Für die Landung bedeutet das, dass man nicht darauf warten sollte, dass der Regler den Motor wegen Unterspannung abschaltet. Bei den ersten deutlichen Anzeichen einer nachlassenden Akkuspannung, also nach ca. fünf Minuten, sollte man den Landeanflug einleiten.

Durch den „schlechten“ Gleitwinkel kann man sehr steil mit „Standgas“ anfliegen, aber vor dem Aufsetzen sollte der Pilot wieder auf halben Strom beschleunigen, damit es eine sanfte Landung auf dem Hauptfahrwerk gibt. Dann muss das gefederte Fahrwerk nicht so viel schlucken, und ein Kopfstand wird vermieden, wenn man bei laufendem Propeller noch etwas zieht.

Wind mag die Airco DH 2 nicht so richtig. Etwas darf es ruhig wehen, denn schließlich ist sie ja nicht gerade ein Federgewicht, aber Turbulenzen geht sie doch gern aus dem Weg.

Alles in allem ist die Airco DH 2 von Kavan ein Schönwetterflugzeug für Liebhaber ungewöhnlicher Flugmodelle. Das Aussehen steht ganz klar über den Flugeigenschaften. Wer einfach nur ein historisches Modell als Parkflyer fliegen möchte, findet, zum Beispiel auch bei Kavan, andere Depronmodelle, die besser fliegen, aber dafür sind sie in der Luft nicht so einmalig.

Die Qualität der Airco DH 2 ist über jeden Zweifel erhaben, und der Bausatz kann sich rundum mit der Spitze messen. Die Methode, die Tragflächen mit Hilfe von Schablonen gegeneinander auszurichten, funktioniert perfekt; der Autor hat sie sich mittlerweile auch bei anderen Doppeldeckern zu Eigen gemacht.

Technische Daten

Spannweite	860 mm
Länge	780 mm
Tragflächeninhalt	24,5 dm^2
Gewicht	535 g
Flächenbelastung	21,8 g/dm^2
Motor	Speed 400 direkt
Akku	8 × KAN 1050

Die Lightning P 38 A von Lenger/FSK

Kommen wir nun zum letzten Bausatzmodell in unserer Reihe: zur Lightning P 38 A von Flying Styro Kits (FSK) in Brünn/Tschechien; der Bausatz wird hier in Deutschland zum Beispiel von der Firma Lenger vertrieben wird.

Bei FSK sitzen ganz offensichtlich Modellbauer mit einem Faible für die „Warbirds“ aus dem Zweiten Weltkrieg, denn sie bieten ein komplettes Programm von Depronmodellen der Kampfflugzeuge dieser Zeit. Über Militärflugzeuge mag man denken, wie man will, auch der Autor hat da seinen Standpunkt. Aus der Sicht des Flugzeugliebhabers stellen die Konstruktionen dieser Epoche aber sicher etwas Besonderes dar.

Die Konstrukteure in Brünn haben sich also der Flugzeuge dieser Zeit angenommen, und das mit einer Hingabe, die Bewunderung verdient. Für den Autor ist die Lightning nicht das erste Modell aus dieser Serie, und die Detailtreue der FSK-Modelle muss einen einfach faszinieren. Sie stehen in ihrem Streben nach Vorbildtreue einem Plastikmodell kaum nach, und es begeistert, wie viele Details mit abgebildet werden: Beplankungsstöße, Nie-

Ein Depronmodell? Ja, die Lightning im Steigflug. Das Flugbild dieses Modells ist einfach beeindruckend und belohnt einen für den Entschluss, es gebaut zu haben.

Detail am Außenrumpf. Die Turbolader des Vorbilds sind auch im Modell nachgebildet und passend lackiert.

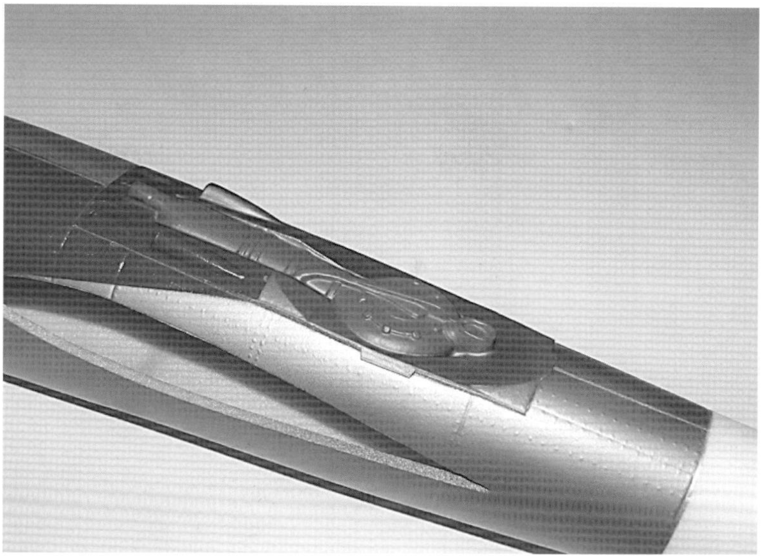

Die Montage des Motors in den Rohbau ist schon eine etwas fummelige Arbeit, beim fertigen Rumpf geht sie aber gar nicht mehr. Gut zu sehen sind die zusätzlichen Entstörkondensatoren. Sicher ist sicher!

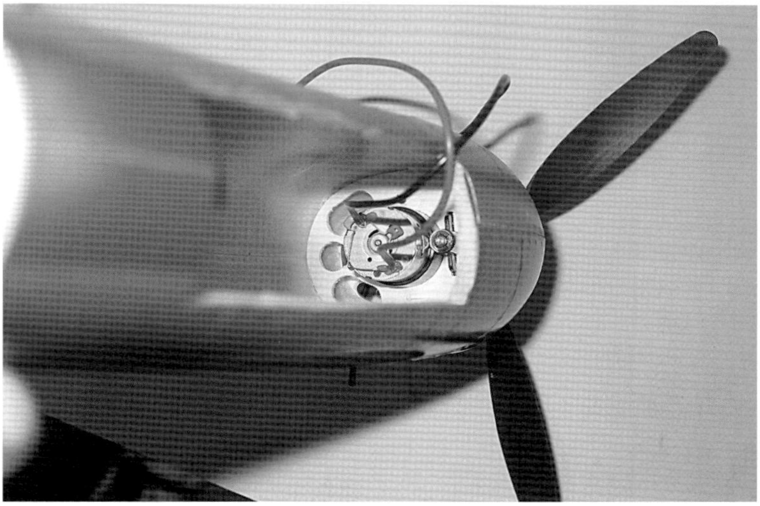

ten, Wartungsklappen etc., und alles auf der tiefgezogenen Depronoberfläche der Modelle.

Der Vergleich mit den Plastikmodellen der Firmen Revell, Tamiya und anderen ist auch gar nicht so falsch, denn jedes der FSK-Modelle lässt sich, wenn dies gewünscht wird, als reines Standmodell in „Museumsqualität" bauen. Da gibt es Fahrwerke mit entsprechenden Klappen, kleine Gewichte für den Massenausgleich der Ruder, Zusatztanks und ein komplett ausgebautes Cockpit mit Pilotenfigur. Manchmal drängt sich der Eindruck auf, dass die Flugfähigkeit der Modelle eher ein Nebeneffekt ist, denn es ist klar, dass ein Flugmodell dieser Größe mit all seinen Details im rauen Alltag kaum bestehen könnte.

So, diese Einleitung musste sein, aber das Gesagte trifft auch auf die Lightning zu. Beim Öffnen des Baukastens bleibt einem die Spucke weg, und der erste Gedanke ist: Lass das

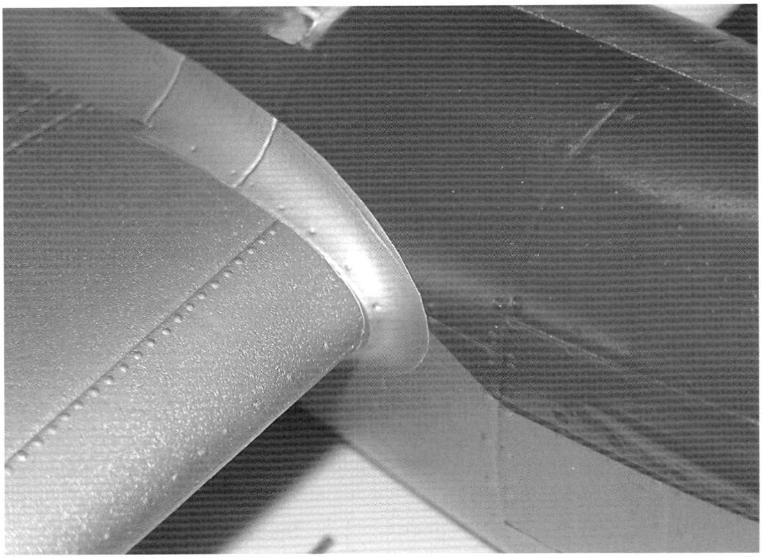

Den Übergang zwischen Rumpf und Fläche bilden diese Manschetten aus ABS. Sie sind zwar mühsam auszuschneiden und anzupassen, aber diese Mühe lohnt sich ganz ohne Frage.

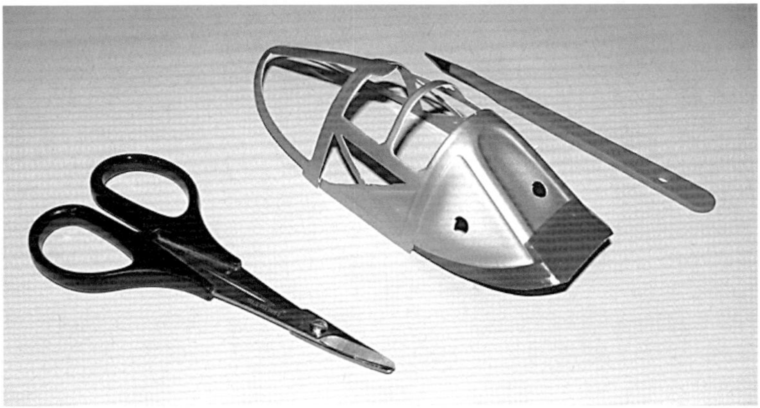

Bohrer, Schere und Skalpell. Dieses Werkzeug braucht man, um die äußere Kabinenhaube zuzuschneiden. Und auch diese Mühe wird belohnt!

Buch Buch sein und bau dieses Modell als Standmodell! Doch am Ende siegt der Modellflieger in mir: Die Lightning muss in die Luft.

Im Bausatz finden wir, sauber verpackt, die tiefgezogenen, teilweise zusammengeklebten und mehrfarbig lackierten Depronteile für die Rümpfe und die Flächen sowie Unmengen dünnwandiger ABS-Tiefziehteile, die auch schon lackiert sind. Dazu kommen die Speed-300-Getriebemotoren mit Dreiblattpropellern, gebogene Fahrwerksdrähte, wenige ausgefräste Holzteile sowie einige Kleinteile für den RC-Einbau, ein Dekorbogen und eine fotokopierte Bauanleitung in englischer Sprache, deren Bilder teilweise leider schlecht zu erkennen sind.

Trotzdem baut sich das Modell für einen etwas geübten Modellbauer nahezu wie von selbst. Allerdings sollte man immer große Sorgfalt an den Tag legen, denn allzu leicht drückt man die eine oder andere Macke in die weiche Depronhaut des Modells. Echte Schwierigkeiten gibt es nicht, die Passgenauigkeit aller Teile ist perfekt, und an zwei bis drei Abenden kann man die Lightning zu einem Flugmodell aufrüsten. Drei Ser-

Das Innere der Kabine wird ausgebaut. Schade, dass man das nachher erst auf den zweiten Blick sieht. Die Einzelteile des Bausatzes erlauben einen detaillierten Innenausbau in „Museumsqualität".

Die Endmontage der Lightning. Das genaue Ausrichten der Rümpfe zu den Tragflächen wird in der Bauanleitung beschrieben. Hier gilt das Motto: „Lieber zweimal messen als einmal falsch kleben!".

vos der 9-g-Klasse passen gut in die kleinen Sperrholzrähmchen, und die Vorbereitung der Anlenkungen könnte auch nicht besser sein. Geht es an die Anlenkung des Höhenruders, setzt kurzes Grübeln ein, aber dann findet man auch schon die fast perfekt getarnte Bowdenzughülle, die auch ordnungsgemäß am Anfang wie am Ende festgeklebt ist. Da sind in Brünn echte Modellbauer am Werk gewesen. Diesen Eindruck gewinnt man während der Bauphase immer wieder, und die Lightning gehört, wie übrigens auch die anderen FSK-Modelle, die der Autor in den Händen halten durfte, zu den Modellen, bei denen man bei genauerem Hinsehen immer mehr Respekt vor der Bausatzqualität bekommt. Bei anderen Modellen ist das häufig gerade andersherum. Bei der Bestellung des Bausatzes gibt es die Alter-

Auch am Boden macht das Modell einen sehr guten Eindruck.

native: Standmodell oder Flugmodell, wobei das nicht ganz korrekt ist, denn es geht dabei nur um die Frage, ob man die Motoren und Getriebe gleich mitbestellt oder nicht, denn das „Standmodell“ hat keine Antriebskomponenten. Wer also einen bürstenlosen Antrieb einsetzen möchte, sollte die „Standmodell-Variante“ wählen und kann so einige Euro sparen, die sich dann wieder in die Motoren und Regler investieren lassen. Alle anderen Teile sind in beiden Kästen gleich, das „Flugmodell“ hat mithin die gleichen Scale-Details.

Sind die Motoren einmal eingebaut, gibt es kaum eine Chance, wieder an sie heranzukommen, also ist hier Sorgfalt gefragt. Aus alter Erfahrung wurden die Speed 300 vor der Installation sehr sorgfältig mit drei Kondensatoren pro Motor entstört. Das Ausrichten der Spanten mit den Antriebseinheiten gelingt ganz gut. Danach habe ich die Spanten erst mit etwas Sekundenkleber fixiert und anschließend mit PU-Leim fest eingeklebt. So werden auch kleine Spanten sicher fixiert.
Das Ausschneiden der Rumpf-Flächen-Übergänge aus dünnem ABS, immerhin sechs an der Zahl, ist eine Geduldsarbeit, aber die sauber verkleideten Übergänge sind dann auch eine Augenweide. Für das Ausrichten von Rumpf und Leitwerk sollte man sich viel Zeit nehmen und die Hilfslinien gemäß der Bauanleitung auf das Baubrett zeichnen. Die Flächenausschnitte in den Rümpfen passen sehr gut, und wenn alle Maße dreimal kontrolliert sind, kann das Flugzeug zusammengeklebt werden. Die Flächenübergänge habe ich übrigens nachträglich und mit Uhu-Por angebracht. Andernfalls hätte ich alle Teile lange fixieren müssen.

Ab jetzt haben wir einen sehr unhandlichen Kandidaten auf dem Baubrett, aber es wird auch deutlich, dass die Lightning ein ganz besonderes Modell ist.

Der Einbau der Fernsteuerung ist kein Problem, wenn man ausreichend Verlängerungskabel oder die Servokabel mit verdrillter Litze verlängert hat. Für die Ruderanlenkungen ist ausreichend Material im Bausatz, und gerade die direkte Querruderanlenkung überzeugt. Da es sich um einen einfachen „Warbird“ handelt, stellt das Modell keine hohen Anforderungen an die Servos, einfache 9-g-Typen reichen aus. Der Fahrregler sollte 20 Ampere Dauerstrom vertragen, und der Empfänger kann ruhig etwas größer sein, doch dafür sollte es kein Modell mit verringerter Reichweite sein, denn die Lightning will großräumig geflogen werden.

Die Kabinenhaube und das Cockpit sind dann wieder ein Thema für sich. Das beginnt mit der Inneneinrichtung des Cockpits, die schon fertig lackiert im Bausatz ist, und geht über die Pilotenbüste bis hin zu der doppelten Haube, die aus einer glasklaren Innenhaube und einer lackierten Außenhaube besteht. Die wird allerdings bis auf die Fensterstreben ausgeschnitten und erst dann über die klare Haube gestülpt. Mit all diesen Details wird der Bau der Kabine locker zu einem abendfüllenden Spielfilm mit Überlänge, aber die Kabine belebt das Modell auch ungemein, daher ist die Zeit für ihren Bau gut investiert.

Nun, auch diese Phase geht vorüber und wir müssen uns entscheiden, welche weiteren Details eingebaut werden sollen. Das Fahrwerk sieht im Stand sicher gut aus, doch im Flug wirkt eine Lightning mit ausgefahrenem Fahrwerk eher komisch. Also lassen wir das Fahrwerk ebenso im Karton wie die großen Zusatztanks und die anderen Scale-Details, die nach der zweiten Landung im Gras liegen bleiben würden. Lediglich die Aufkleber in Feucht-Transfer-Technik müssen noch sein, um das äußere Bild zu vervollständigen.

Die letzte Arbeit vor dem Erstflug ist der Akkueinbau bzw. das Auswiegen des Modells. Die Bauanleitung schlägt vor, zwei Kokam-1.500-mAh-Zellen als Akku zu benutzen, die dann im Mittelrumpf vor der Fläche eingebaut werden sollen. Allerdings passt bei „meiner“ Lightning der Schwerpunkt auch schon ohne Akkus, so dass das Pack wohl eher genau im Schwerpunkt als davor eingebaut werden sollte. Außerdem war kein Zweierpack Kokam 1500 verfügbar, weshalb zwei Konion-Zellen mit „nur“ 1.100 mAh beim Erstflug die Stromversorgung übernommen haben. Dieses Pack ist etwas leichter und wurde dann direkt vor der Nasenleiste in den Mittelrumpf gesteckt. Als einzige Öffnung steht dabei der Fahrwerksschacht zu Verfügung. Das ist eng, aber es geht.

Mit dem leichteren Akku wiegt die Lightning nun abflugbereit 580 g, und die beiden Dreiblattpropeller ziehen bei einer Stromaufnahme von knapp 10 Ampere ganz gut.

Für den ersten Start hat ein Vereinskamerad das Werfen übernommen, damit der Pilot sicher die Hände am Knüppel hat, wenn es nötig ist. Es ist aber nicht nötig, die Lightning zieht sauber davon und benötigt nur kleine Trimmkorrekturen. Die beiden Getriebemotoren haben kein Problem mit dem leichten Modell, wobei der Steigflug freilich auch nicht sehr steil ist. Aber besser Fahrt halten, als einen Strömungsabriss riskieren. In Sicherheitshöhe wird erst einmal gedrosselt, aber bitte nicht so viel. Die Bauanleitung warnt zu Recht vor der Bremswirkung der beiden 9-Zoll-Dreiblattpropeller, die enorm ist. Die Reisefluggeschwindigkeit stellt sich also eher bei Dreiviertelstrom ein, mit dem lockeres Cruisen möglich ist. Die Geschwindigkeit bei maximalem Strom ist wahrscheinlich vorbildgetreu, allerdings wirkt das Modell dann so, als ob es durchaus auch noch etwas schneller sein dürfte. Übermotorisiert ist die Lightning bei zwei LiPos sicher nicht.

Über Quer- und Höhenruder gesteuert, lässt sich die Lightning sehr angenehm und vorbildgetreu fliegen. Zu dem Modell passt natürlich am besten ein weiträumiger Flugstil mit tiefen Vorbeiflügen. Mit zunehmendem Vertrauen in die guten Flugeigenschaften des Flugzeugs kann man dann auch die Grenzen austesten. Die wichtigste Erkenntnis dabei: Die Lightning braucht gar nicht so viel Speed, wie man denkt, und erstaunlicherweise ist sie zwar im Bahnneigungsflug nicht unbedingt schnell, aber die Antriebe zeigen im Steigflug dann doch, dass die Speed 300 und erst recht die großen Propeller reichlich Leistung haben, denn man kann locker mit mehr als 45 Grad

Steigwinkel in den Himmel ziehen. Es fehlt also gar nicht wirklich Power, die Strahlgeschwindigkeit des Antriebs setzt die Grenzen im Schnellflug, während der Standschub über jeden Zweifel erhaben ist.

Alternativ wurde das Modell auch mit drei Zellen Kokam 1500 geflogen, aber der Versuch wurde rasch beendet. Zum einen werden die Getriebe doch sehr laut, zum anderen sind 16 Ampere Strom für den Akku keine wirkliche Freude, und auch die Motoren sind bei 8 Ampere pro Motor arg an der Grenze. Das geht dann auf die Lebensdauer der Motoren, die auszutauschen, ehrlich gesagt, auch ganz schön schwierig wäre. Wer also mehr Power wünscht, sollte von Anfang an auf bürstenlose Motoren setzen, die dann allerdings, gerade weil auch zwei Regler benötigt werden, ziemlich ins Geld gehen.

Deshalb geht es mit zwei Zellen weiter, entweder mit Kontronik-Konion-Zellen oder auch mit Kokam 910, denn mit den knapp 10 Ampere Standstrom werden diese Zellen ebenfalls gut fertig. Das reicht dann, je nach Flugstil, für acht bis zehn Minuten Flugzeit, was ich persönlich als ausreichend empfinde.

Die Landung ist ebenfalls kein Problem, wenn man dafür etwas Energie im Akku belässt. Die beiden Propeller bremsen, wie schon erwähnt, heftig, und man landet die Lightning besser mit knapp über „Halbgas“ und stoppt die Motoren wirklich erst unmittelbar vor dem Aufsetzen. Die Anflüge können durchaus recht steil gestaltet werden, wenn man die Bremswirkung der Motoren nutzt, und so kann die Maschine auch auf kleinen Flächen gelandet werden. Was die Lightning gar nicht mag, das sind Landungen aus einer Kurve heraus, also mit einem deutlichen Schiebewinkel. Knackpunkt sind dann die unteren Teile der Seitenleitwerke, die leicht abscheren. Das ist nichts schlimm, doch eine Klebestelle dort trägt nicht gerade zu einem guten Aussehen bei. Also, bitte, schön sauber und gerade landen, dann klappt das auch mit dem Leitwerk!

Die Lightning fliegt sich super und sieht einfach einmalig in der Luft aus. Auch am Boden macht das Modell mit seiner Detaillierung richtig was her. Allerdings bleibt es im mehr oder weniger rauen Flugbetrieb nicht aus, dass man sich die eine oder andere Macke einfängt, denn die Depronoberfläche ist leider nicht sehr druckstabil. Dieses „Manko“ teilt die Lightning aber mit den meisten anderen Depronmodellen, so dass wir damit zurechtkommen müssen. „Jede Falte gelebt!“, diesen Satz kennt man aus anderem Zusammenhang, aber er trifft auch hier zu. Wer das nicht mag, muss Voll-GFK-Modelle bauen. Aber die sind deutlich schwerer und haben deshalb bei weitem nicht die guten Flugeigenschaften dieses Leichtgewichts.

In Sachen Bauweise und Bauausführung kann man wirklich nur den Hut ziehen. Das ist kaum noch zu übertreffen.

Technische Daten

Spannweite	1120 mm
Länge	760 mm
Tragflächeninhalt	15,7 dm^2
Gewicht	590 g
Flächenbelastung	35 g/dm^2
Motor	2 x Speed 300 7:1
Akku	2 Kokam 910

Eigenbaumodelle mit Kurzbauplan

Nachdem wir nun viel über Bautechniken für Depronmodelle gelesen haben und uns einige Bausatzmodelle angeschaut haben, kann uns der Weg eigentlich nur noch in das Tapetenfachgeschäft führen, damit wir uns endlich einen kleinen Vorrat an Depronplatten kaufen, denn es ist Zeit für das erste Eigenbaumodell.

Bei einem so einfachen und leicht zu bearbeitenden Material kann es doch gar nicht anders sein, als dass man auch mit wenig Bauerfahrung und eingeschränkten Mitteln ein eigenes Modell „auf die Beine“ stellt. In den folgenden Kapiteln soll es um solche eigenen Modelle gehen, und es würde mich als Autor freuen, wenn ich dann das eine oder andere Modell einmal auf einem Modellflugplatz in Aktion sehen könnte.

Nun können an dieser Stelle aber keine detaillierten Pläne abgedruckt werden. Einerseits lassen das die drucktechnischen Möglichkeiten bei einem Buch nicht zu, andererseits sei nicht verschwiegen, dass der Autor auch kein gelernter Zeichner oder Ingenieur ist. Also geben die Pläne nur die wichtigsten Maße wieder und sind stark vereinfacht.

Freilich wollen wir hier ja auch keine Scale-Modelle bauen. Meist geht es beim Bau von Depronmodellen doch immer wieder um einfache kleine bis mittelgroße Flugmodelle, die einem viel Spaß beim Fliegen bereiten sollen. Häufig sind es sogar reine Zweckmodelle, bei denen der letzte Radius nicht bemaßt werden muss und es häufig sogar ganz egal ist, ob sie 10 mm länger, breiter, schmaler oder höher sind. Man findet in den Zeichnungen all die Maße, die ausreichen, um die Modelle in die Luft zu bringen, und ich bin mir sicher, dass Sie später bei Ihren eigenen Konstruktionen auch feststellen werden, dass nur ganz selten der letzte Millimeter entscheidend ist.

Das Anfängermodell Albatros

Auf der Suche nach einem anfängertauglichen Parkflyer, mit dem mein Sohn Felix mit knapp zehn Jahren das Modellfliegen lernen sollte, ist das Modell des Albatros entstanden, und es hat sich in diesem Einsatz auch gut bewährt.

Richtig, Anfängermodelle gibt es bei jedem Modellbauhändler, und es gibt eigentlich keinen Grund, selbst etwas zu entwerfen, es sei denn, man möchte eigene Überlegungen verwirklichen. Außerdem kann der Kostenaspekt eine Rolle spielen, denn natürlich geht ein Anfängermodell spätestens beim Landen hin und wieder kaputt, und dann kann es teuer werden, handelsübliche Ersatzteile kaufen zu müssen. Da ist es doch besser, wenn es sich nur um Depronteile handelt und ein neuer Rumpf oder eine neue Fläche schnell gebaut ist.

Mit diesen Überlegungen wurde dann schnell ein Pflichtenheft erstellt: Es soll ein großer Parkflyer mit eine Spannweite von ca. 120 cm werden, der gern auch ein Gewicht von ca. 550 g erreichen darf. Bei etwa 22 cm Flächentiefe bleibt die Flächenbelastung noch

Der erste Prototyp des Albatros am Ende seiner rauen Dienstzeit als Anfängertrainer. Nicht schön, aber robust. Die weiteren Fotos stammen vom zweiten Prototypen.

im akzeptablen Bereich. Die große Spannweite sorgt zudem für gute Sichtbarkeit und einen ruhigeren Flug als bei einem kleineren Modell. Bei einem Vereinskameraden hat sich ein ähnliches Modell mit einem Flügel in doppelter V-Form bewährt, deshalb sollte auch der Albatros solch eine Tragfläche bekommen. Der Rumpf ist ein einfacher Rechteckrumpf, ganz ohne Schnörkel und Verzierungen, damit es beim Absturz nicht so weh tut und es nicht so viel Zeit kostet, einen neuen zu bauen. Ein relativ langer Rumpf bewirkt eine träge Reaktion auf die Ruder, stabilisiert aber im Flug sehr schön, und das ist für den Anfänger wichtig.

Da solche Entschlüsse natürlich spontan ge-

Ein Tribut an die Flächengummis. Die Mitte des Flügels ist mit Packband geschützt, und an der Hinterkante sitzt ein Kohle-Flachprofil, damit die Gummiringe die Endleiste nicht eindrücken.

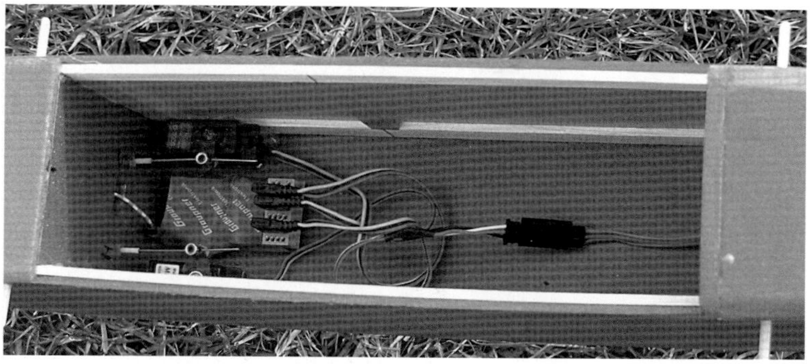

Sehr viel Platz ist im Raum unter der Fläche. Vielleicht kommt da noch ein Abwurfschacht hinein. Da der freie Raum im Bereich des Schwerpunkts liegt, bietet er sich dafür an.

Die Rumpfseitenwände sind innen mit 3 mm starken Balsaleisten verstärkt, denn erfahrungsgemäß gibt es in diesem Bereich die meisten Schäden.

troffen werden, ist der Rumpf aus 3-mm-Depron, denn 6-mm-Material war gerade nicht in ausreichender Menge zur Hand. Das Fahrwerk ist aus Draht gebogen und nur mit Gummiringen am Rumpf befestigt. Wenn die Landung einmal nicht so gelingt, macht das nichts: Die Gummis nehmen die Last auf und halten sie vom Rumpf fern. Es ist einfacher, das Fahrwerk nach einer nicht so guten Landung einmal kurz wieder zu richten, als es neu einzukleben, oder?

In Sachen Antrieb ist der Albatros so ausgelegt, dass vorhandene Komponenten eingebaut werden können. Ein Speed 280 BB mit 5:1-Getriebe ist zwar nicht wirklich billig, doch wenn er arbeitslos in der Schublade liegt, ist der Preis relativ egal. Dazu kommen dann noch acht KAN-Zellen mit 650 oder sogar 1.050 mAh Kapazität, also auch keine Hightech, sondern eher „Hausmannskost".

Später hat der Albatros dann doch noch einen Brushless-Antrieb und Lithium-Polymer-Zellen bekommen. So erspart man sich und den Nachbarn das Getriebegeräusch, und die LiPos kann man besser geladen halten, wenn man dazu neigt, spontan fliegen zu wollen.

Beginnen wir mit dem Rumpf. 3-mm-Depron erscheint auf den ersten Blick recht dünn für ein so großes Modell. Deshalb hat der zweite Griff in die Materialkiste dann auch noch zwei Kiefernleisten mit 3 mm × 10 mm Querschnitt zu Tage gefördert. Auf 860 mm abgelängt bilden sie nun das Rückgrat des Modells an der Oberkante des Rumpfs.

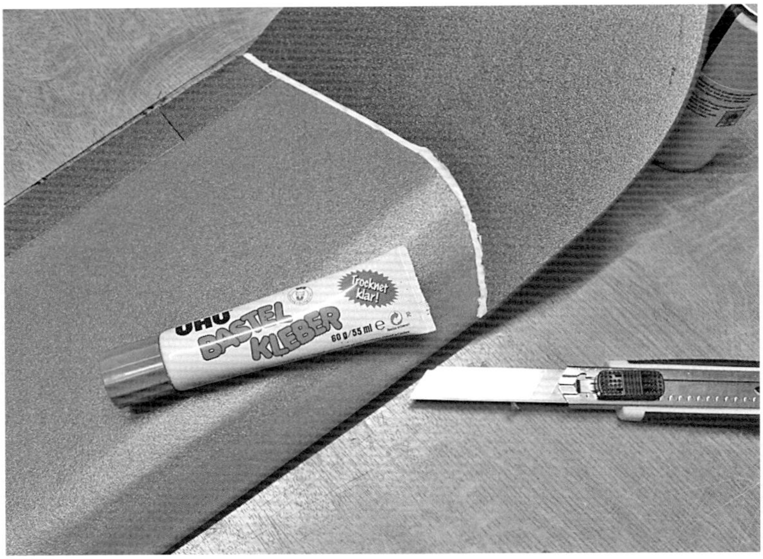

Die äußeren Flächenohren werden mit einer Raupe Bastelkleber endgültig angeklebt. Da er glasklar aushärtet, ist das später nicht mehr zu sehen.

Die Reste der Leisten tun 10 cm weiter unten an der Rumpfunterkante Dienst. Dort, im Bereich vor und hinter der Nasenleiste, kann etwas mehr Stabilität auch nie schaden. Zudem gibt es im Bereich des Motorspants noch eine Verstärkung aus hartem 3-mm-Balsaholz, damit der Spant ordentlich Klebefläche hat und stabil eingeklebt werden kann, denn das ist, neben dem Fahrwerk, die zweite hoch belastete Stelle am Modell. Die dritte Stelle ist die Flächenaufhängung. Gummiringe sehen zwar nicht sehr gut aus, sorgen jedoch dafür, dass die Fläche im Notfall etwas ausweichen kann. Die Buchenstäbe, an denen die Gummis befestigt werden, sitzen aber ganz bewusst nicht im Depron. Sie gehen durch die beiden oberen Kiefernleisten, so dass das Depron hier nichts zu halten hat.

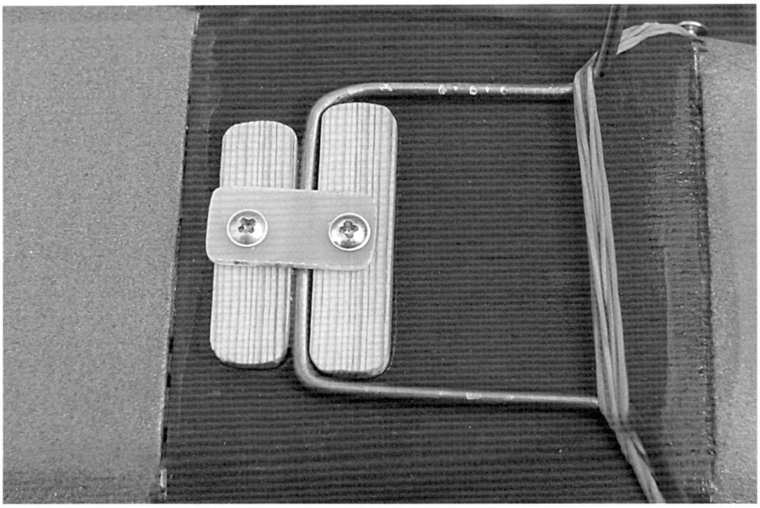

Das Fahrwerk ist drehbar gelagert und wird nur von dem Gummiring in Position gehalten. Bei einem zu harten Landestoß kann es nach hinten umklappen, ohne den Rumpf zu beschädigen.

Na bitte! Er fliegt doch, der Albatros

Nach dem Ausschneiden der Seitenwände und dem Aufbringen der Verstärkungen werden die Rumpfseiten mit drei Spanten verbunden. Der Hauptspant an der Nasenleiste besteht wie der hintere Rumpfspant im Bereich der Endleiste aus Resten von 6-mm-Depron, während der Motorspant aus 3-mm-Sperrholz ist. Hier braucht es etwas Sorgfalt, sonst ist der Rumpf schnell verzogen. Besser die Spanten sorgfältig senkrecht auf die eine Seitenwand aufkleben und dann den Rumpf auf den Rücken mit der Leiste legen und die zweite Seitenwand ankleben!

6 cm Rumpfbreite innen versprechen reichlich Platz für alle anfallenden Einbauten, ohne dass man mit Chirurgenfingern ausgestattet sein muss. Bevor Rumpfboden und Rumpfrücken aus 6-mm-Depron eingeklebt werden, kommen aber noch die Bowdenzuginnenrohre für die Anlenkungen ins Rumpfheck. Das Höhenleitwerk aus 3-mm-Depron hat als Verstärkung an Nasen- und Endleiste eine 3×5-mm-Kiefernleiste bekommen und ist jetzt ebenfalls fast unzerstörbar. Das Seitenleitwerk, wiederum aus 3-mm-Depron, ist stumpf auf den Rücken geklebt und hat nur eine Kiefernleiste als Verstärkung.

Auch die beiden Ruder bestehen aus 3-mm-Depron. Trotz einiger Zweifel ist das ausreichend stabil. Scharniert sind sie mit schmalem Strapping-Tape, das auf Depron besser hält als Tesafilm. Die Optik bleibt da vielleicht etwas auf der Strecke, aber das macht bei diesem Modell fast gar nichts.

Die beiden Servos für das Höhen- und das Seitenruder wurden mit Heißkleber an die Rumpfseiten geklebt. Wenn man sie vorher in die Nullposition bringt und den Anlenkungsdraht schon passend abgewinkelt hat, kann man während des Auskühlens des Klebers noch die Nullstellung justieren. Diese Methode klingt nicht gerade professionell, aber der Zweck heiligt hier die Mittel, und wenn‘s funktioniert ...

Für den Empfänger – selbst einen besonders großen – ist unter dem Flügel reichlich Platz. Überhaupt sind große und schwere Komponenten für den Albatros kein Problem, obwohl sich ein geringes Gewicht natürlich immer gut macht.

Das Fahrwerk ist ein gebogener Stahldraht mit 2,5 mm Durchmesser, der nur von einigen Gummiringen unter dem Rumpf gehalten wird. Wird die Landung zu hart, biegt es nach hinten weg und der Flieger liegt auf dem Bauch. Dabei hat er aber so viel Energie abgebaut, dass nichts Schlimmes mehr passiert. Das Fahrwerk ist übrigens für den Namen des Modells verantwortlich, denn eigentlich sollte dieser elegante weiße Vogel „Schwan“ heißen, aber wegen des weichen Fahrwerks und der damit verbundenen Landungen wurde der Name schnell in Albatros geändert; diese Riesenvögel sind bekanntlich in der Luft sehr elegant, doch bei den Landungen reichlich tollpatschig.

Wie auch immer, durch das Fahrwerk hat der Rumpf bei den ersten 100 Landungen meines Sohnes keinen ernsten Schaden genommen, und das ist das Einzige, was bei einem Anfängermodell zählt. Das Fahrwerk besteht aber natürlich nicht nur aus dem Draht; möglichst leichte Räder mit 50–65 mm Durchmesser kommen auch noch dazu und sind die einzigen Kaufteile am Modell.

Die Motorbefestigung ist ein Kapitel für sich, denn sie ist in erster Linie vom eingesetzten Motor abhängig. Als Motoren eignen sich Bürstenmotoren wie zum Beispiel ein Speed 280 BB mit 5:1-Getriebe, ein Speed 300 mit 5:1-Getriebe oder als relativ schwere Variante auch ein Speed 400, 7,2 V, mit 2,5:1-Getriebe, mit dem dann reichlich Leistung auch für Sonderaufgaben wie den Bannerschlepp vorhanden ist.

Als bürstenlose Motoren kommen in Frage ein Mini-LRK oder ähnliche Motoren mit einer Leistungsaufnahme von 50–100 Watt, wobei die 50 Watt für einfaches Fliegen mit Bodenstart von einer Graspiste ausreichen und mit 100 Watt wieder viele Sonderaufgaben möglich sind. Die bürstenlosen Motoren sind dabei gar nicht einmal so viel teurer als die Bürstenmotoren mit Getriebe und dazu noch leiser und leichter. Der Preisunterschied besteht dann eher im Bereich des Reglers. Freilich haben viele Modellbauer noch einen passenden „Bürsti“ mit Regler in der Schublade, und es spricht nichts dagegen, ihn einzusetzen.

Natürlich müssen Akku, Motor, Regler und Propeller aufeinander abgestimmt sein, aber das ist ein Kapitel für sich und wir wollen uns hier nicht daran festbeißen. Wichtig ist beim Rumpf nur noch, dass wir dafür sorgen, dass der Akku, wie auch immer er aussehen mag, fest an seiner Position bleibt und doch leicht zu wechseln ist. Außerdem sollte sich der Akku im Falle einer sehr unsanften Landung aus dem Modell entfernen können, um kein Unheil anzurichten. Im Albatros-Rumpf gibt es für das Achterpack mit NiMh-Zellen eine Akkurutsche, die dafür sorgt, dass die Zellen während des Fluges sicher verstaut sind und, wenn es einmal knallt, auf der Rutsche in Richtung Rumpfklappe rutschen; diese ist nur mit einem Gummiring gesichert und öffnet sich hoffentlich im Bedarfsfall. So knallt der Akku wenigstens nicht auf den Regler oder den Motor. Die nur halb so schweren LiPo-Akkus von Kontronik dagegen sitzen vorn im Motorraum in einer festen Halterung. Aus Schwerpunktgründen dürfen Sie nicht auf die Akkurutsche.

Jetzt fehlt dem Albatros nur noch das Wichtigste: der Flügel! Aber auch der soll ja so einfach wie möglich sein, um den Aufwand gering zu halten. Am einfachsten wäre sicher eine gebogene Depronplatte, aber die ist bei der angestrebten Größe doch arg labil und das Modell würde mit einem solchen Profil sehr langsam und windanfällig geraten. Deshalb erhält es einen Flügel mit geschlossenem Profil und gerader Unterseite, aus einem Teil gebaut. Das Mittelteil mit 80 cm Spannweite ist komplett gerade und die V-Form für die Eigenstabilität im Flug kommt nur durch die Ohren zustande. Diese Methode hat den Vorteil, dass man einen durchgehenden Flächenholm hat und nicht in der Mitte zwei Flächenteile aneinanderkleben muss. Das wichtigste Teil des Flügels ist eine 3-mm-Depronplatte von

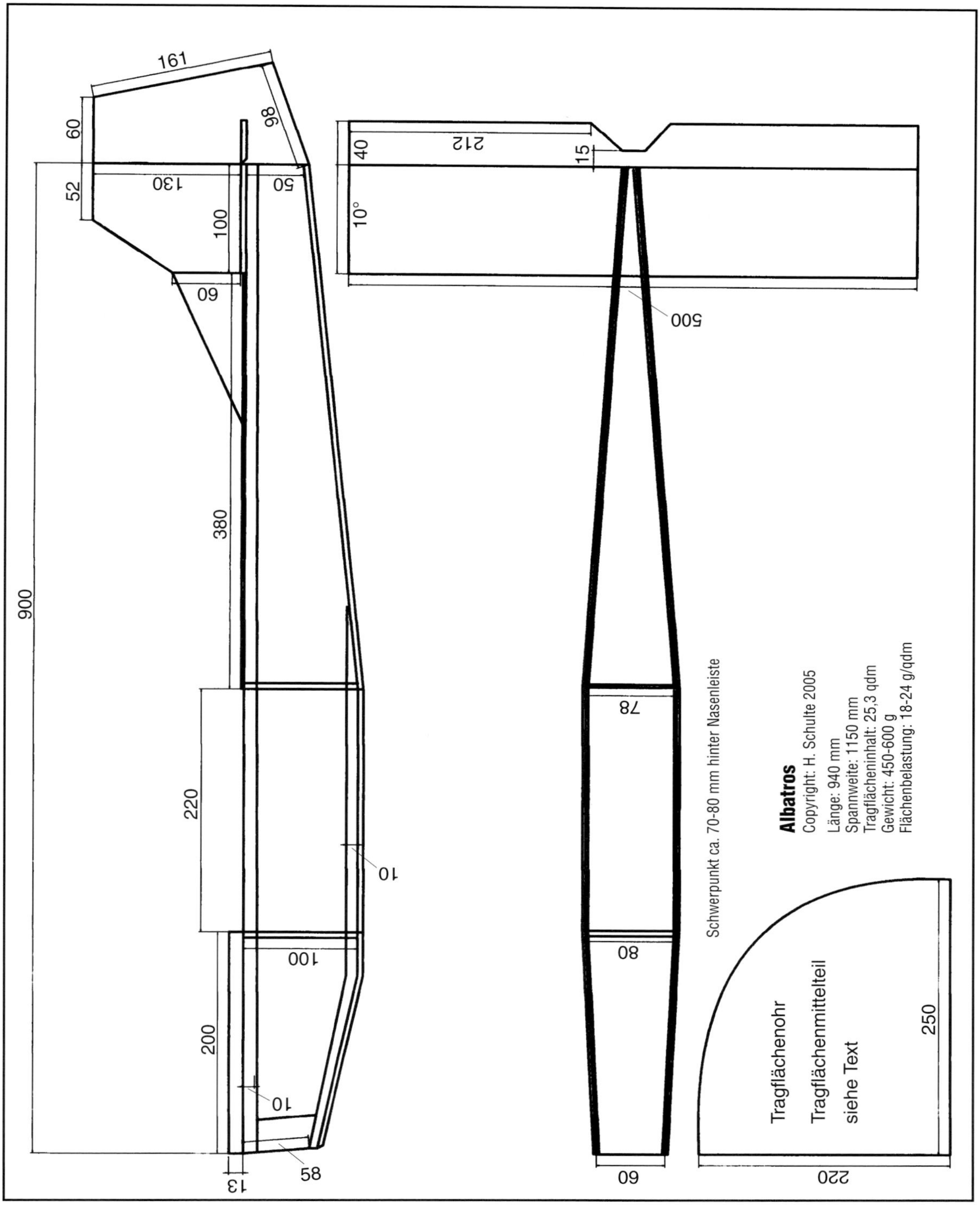
Albatros
Copyright: H. Schulte 2005
Länge: 940 mm
Spannweite: 1150 mm
Tragflächeninhalt: 25,3 qdm
Gewicht: 450-600 g
Flächenbelastung: 18-24 g/qdm
Schwerpunkt ca. 70-80 mm hinter Nasenleiste
Tragflächenohr
Tragflächenmittelteil
siehe Text
161
98
60
52
130
50
100
60
380
900
220
200
100
10
10
58
13
40
212
15
10°
500
78
80
60
250
220

84 cm × 45 cm, die dann auf den ersten 22 Zentimetern an jeder Seite um 2 cm, also insgesamt auf 80 cm gekürzt wird. Dann wird ein Streifen Paketklebeband bei 20 cm Tiefe aufgeklebt und fest angedrückt. Anschließend wird die Platte umgedreht und bei 22 cm eine V-förmige Nut eingeschnitten, die aber nicht ganz bis zum Klebeband hinunterreicht. Außerdem wird bei 14 cm eine Linie aufgezeichnet. Auf diese Linie wird ein 2 cm hoher Streifen 6-mm-Depron als Holm aufgeklebt. Nun kommt etwas PU-Leim sowohl in die V-Nut als auch auf den Holm und etwas mehr Leim in den Bereich der Endleiste; der vordere Teil der Fläche wird vorsichtig umgebogen und dann im Bereich der Endleiste und des Holms mit Gewichten fixiert, bis der PU-Leim ausgetrocknet ist. Durch sein Aufschäumen kann er auch kleine Spalten überbrücken und sorgt gerade im wichtigen Bereich der Endleiste für eine zuverlässige Klebung.

Wenn alles durchgetrocknet ist, kommen die Ohren an die Reihe. Dazu schneiden wir aus 6-mm-Depron Stücke von 22 cm × 30 cm, wobei die Gestaltung des Randbogens jedem einzelnen überlassen bleibt, denn auf die Flugeigenschaften hat sie sicher keinen Einfluss. Jetzt wird die obere Beplankung des Innenflügels noch halbwegs rund geschnitten, damit sie sich an die schrägen Ohren anpasst. Wenn man dabei die 2 cm Übermaß auf jeder Seite im Bereich des Holms stehen lässt, ergibt sich automatisch der richtige Winkel. Anschließend kann man die Ohren mit Uhu-Por und PU-Leim, der die Ungenauigkeiten ausfüllt, ankleben.

Der Arbeitsaufwand für solch einen Flügel liegt im Bereich von rund zwei Stunden zuzüglich Trockenzeiten für den PU-Leim; die Kosten betragen rund 5 € und sind also auch nicht der Rede wert. Bei einem Holzflügel würde allein die Folie das Gleiche kosten. Durch das Klebeband auf der Nasenleiste ist der Flügel in diesem Bereich sogar sehr unempfindlich. Beim Testmodell sind aber nachher noch ca. 15 cm in der Mitte komplett mit Klebeband bespannt, um zu verhindern, dass die Gummiringe der Flächenbefestigung das Depron einreißen. Außerdem sind die Ohren des Prototyps aus eingefärbtem Depron von Graupner gemacht, was der Sichtbarkeit des Modells zugute kommt. Damit die Einstellwinkeldifferenz am Modell passt, kommt jetzt noch ein Keil aus 6-mm-Depron auf die Flächenauflage, der dafür sorgt, dass die Nasenleiste ca. 5 mm über der Kiefernleiste, die Endleiste aber auf der Kiefernleiste liegt.

Flugtechnisch wird es jetzt für den routinierten Modellbauer eher langweilig, denn der Albatros fliegt einfach, solange der Schwerpunkt ca. 70 mm hinter der Nasenleiste liegt. Mit einem Speed 280 BB mit 5:1-Getriebe

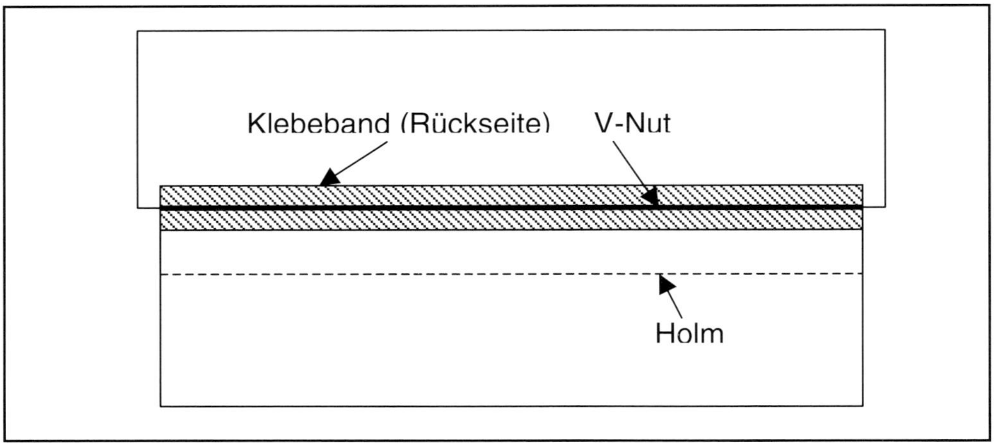

sowie einem 10×4,7-Slowprop und acht Zellen KAN 1050 setzt sich das Modell auf der Graspiste langsam in Bewegung und hebt, je nach Gegenwind, nach 10–30 m Rollstrecke ab, um dann gemütlich langsam weiter zu steigen. Das alles geschieht völlig undramatisch und so langsam, dass ein Anfänger alle Bewegungen gut verfolgen kann. Durch die V-Form der Ohren liegt der Albatros stabil in der Luft und man muss die Kurven nicht unbedingt mit einem Gegensteuern beenden. Einmal ausgetrimmt – das sollte aber vielleicht doch ein routinierter Pilot übernehmen – kann das Modell auch einmal einige Sekunden sich selbst überlassen bleiben, ohne dass man deshalb Angst haben muss; ja, böse gesagt, das Modell fliegt manchmal ohne Piloteneingriff sogar besser als mit.

Bei der gegebenen Flächenbelastung kann man auch einmal segeln und die ersten Thermikflüge sind Felix auch schon gelungen. Wichtiger ist aber die Tatsache, dass man den Albatros im Segelflug landen kann. „Schleppgas" kann hilfreich sein, aber auch ohne Strom kann man das Modell immer zielgenau an den Boden bringen. Nach dem Aufsetzen hilft dann das Fahrwerk, den Rumpf zu schonen, und wenn es doch einmal nach hinten geklappt ist, ist das auch kein Problem für das Modell.

Starten und Landen sind ja das A und O für einen Anfänger und sein Modell, aber wie überzeugt man einen Zehnjährigen davon, das auch möglichst oft zu üben? Eine Abwurfvorrichtung im Modell ist da eine gute Möglichkeit, denn jetzt üben wir den gezielten Abwurf von Tempo-Taschentuch-Paketen. Die sind fast ideal für diesen Zweck, denn sie sind billig, reichlich verfügbar (wenn man Heuschnupfen hat), und man kann mit ihnen niemanden verletzen.

Die Abwurfvorrichtung ist auch ein Klacks: Ein Servo im Rumpf schiebt einfach einen Stahldraht durch die Seitenwand oder zieht ihn entsprechend zurück. Ein Gummiring führt dabei um die Rumpfunterseite herum und hält das Tempo-Paket fest, solange er auf dem Stahldraht sitzt. Zieht das Servo den Draht zurück, wird das Gummi freigegeben und die Tempo-Packung löst sich vom Modell – hoffentlich über dem Zielpunkt. Wenig Aufwand, aber viel Spaß, übrigens nicht nur für Kinder, sondern auch für Erwachsene! Nach jedem Abwurf muss natürlich eine Landung erfolgen, um das Paket wieder neu zu befestigen. Man wundert sich, wie viele Starts und Landungen so an einem Abend zusammenkommen.

An dieser Stelle noch eine Warnung an die routinierten Piloten: Nach dem Abwurf sollte man mit den Augen doch lieber das Modell als die Tempos verfolgen, sonst wird die Freude über den Treffer durch den Einschlag des Modells getrübt!

Daneben ist die Ausklinkvorrichtung natürlich auch für den Bannerschlepp oder sogar für den F-Schlepp leichter Segelflugmodelle geeignet, sofern die Motorleistung dies zulässt.

So macht dieses einfache Modell auch dem routinierten Piloten als Feierabendflieger eine Menge Freude, obwohl es doch eigentlich für den Anfänger gedacht ist. Eine echte Schönheit ist der Albatros sicher nicht geworden, aber das war auch nicht das Ziel der Aktion. Der Bauaufwand ist gering, und die Kosten sind noch geringer, aber so kann man es sich auch erlauben, einmal zu trainieren, wenn die Verhältnisse nicht so günstig sind. Eine harte Landung steckt der Albatros locker weg, und wenn es denn einmal zu irreparablen Schäden kommen sollte, kostet ein kompletter oder teilweiser Neubau weder viel Geld noch viel Zeit.

Technische Daten

Spannweite	116 cm
Länge	90 cm
Gewicht	450–550 g je nach Akku
Tragflächeninhalt	25,5 dm^2
Flächenbelastung	17,5–21,5 g/dm^2

Einfachstmodelle aus Depronplatten

Dass Depron nicht der Werkstoff ist, aus dem man unbedingt die Super-Flugmodelle baut, ist gemeinhin bekannt. Ausnahmen, wie die in Kapitel 11 vorgestellte Lightning P 38 A bestätigen diese Regel nur, denn die meisten Depronmodelle sind eher einfache Flugzeuge, mit denen man bei geringen Kosten und überschaubarem Aufwand jede Menge Flugspaß hat. Kosten und Aufwand zu minimieren, war dann auch das Ziel bei den folgenden Modellen, darunter ein Speed-Delta für draußen.

Das Spaßmodell Delta MK 1

Der Gedanke, ein schnelles Depronmodell zu bauen, ist nicht neu. Schon am Anfang der Depronwelle sind findige Köpfe darauf gekommen, eine dreieckige Depronplatte mit einem Speed 400 und acht kleinen NC-Zellen auszurüsten. „Namenlos“ hieß das Delta, und den Plan gibt es auf der Website www.pibros.de zu sehen.

Die seinerzeit gebauten Modelle wogen ca. 350–400 g und waren flott unterwegs. Beim lockeren Gespräch auf dem Modellflugplatz – andere nennen das ein Brainstorming – ist der Autor mit Flugkollegen darauf gekommen, dass das mit aktuellen Komponenten heutzutage sicher noch leichter gehe. Empfänger und Servos wiegen nur noch die Hälfte der ursprünglichen Komponenten, und ein kleiner Außenläufer sowie drei LiPo-Zellen mit 350 mAh fallen ebenfalls kaum noch ins Gewicht. Ein Gewicht von nur mehr 150 g oder vielleicht sogar noch weniger zu erreichen sollte kein Problem sein, und die Modelle wären dann immer noch satt motorisiert.

Zu Hause angekommen, reichen etwas 6-mm-Depron, praktischerweise von Graupner schon in Rot und Gelb gefärbt, und die Zeit einer Formel-1-Rennübertragung aus, um ein Fantasiedelta auszuschneiden und mit Uhu-Por zusammenzukleben. Dabei wurde sogar auf einen Kastenrumpf verzichtet und stattdessen ein Silhouettenrumpf ausgeschnitten

RC-Modell oder Wurfgleiter, beides ist mit diesem Konzept möglich und beide Modelle haben einen Sinn. Dem Autor macht das RC-Modell allerdings deutlich mehr Spaß!

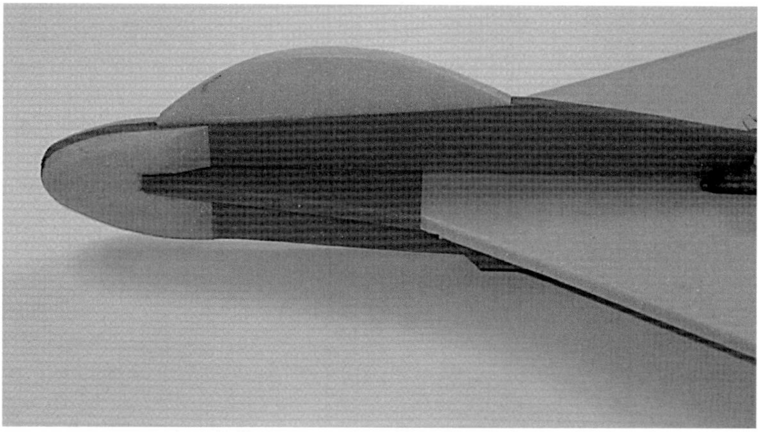

Wieder ist die Nase der empfindlichste Teil des Modells, deshalb ist sie auch relativ kurz gehalten. Auch wichtig, die gelben Verstärkungen reichen bis über den Flügel und machen so den ganzen Vorbau sehr stabil.

Die Rumpfnase von unten. Der Akku wird von vorn in den Schacht gesteckt. Das hat sich sowohl im Flug als auch bei der Landung bewährt.

und auf die Fläche geklebt. Sämtliche Maße sind eher willkürlich zustandegekommen. Lediglich die Spannweite von 500 mm wurde von früher übernommen. Für den Motor hat das Delta hinten einen Bürzel bekommen, denn es macht doch reichlich Krach, wenn der Propeller so nah hinter den Rudern läuft. Die Nase ist recht kurz gehalten, weil lange Nasen leicht abbrechen. Aus genau diesem Grund ist der Bereich vor dem Flügel bis über den Ansatz der Fläche hinaus auch dreilagig. Damit sind krumme Nasen ausgeschlossen und wir haben eine Reparaturquelle weniger. Weitere Verstärkungen gibt es nicht. Im Vertrauen auf die 6-mm-Depronplatten und das geringe Gewicht haben wir es einmal riskiert und wurden, das sei vorweggenommen, in unserer Annahme bestätigt.

Die hochgezogenen Winglets dienen wohl eher der besseren Optik, auch wenn die Hoffnung besteht, dass sie das Modell, ähnlich wie eine V-Form, etwas stabilisieren. Weder diese positive noch eine schädliche Wirkung konnten aber bewiesen werden, also bleibt es jedem selbst überlassen, wie die Randbögen ausgeführt werden.

Doch wo liegt der Schwerpunkt? Gute Frage! Ich habe keine Ahnung und fand auch keine Literatur, die mir geholfen hätte, genau diese Flügelform zu berechnen. Nach dem

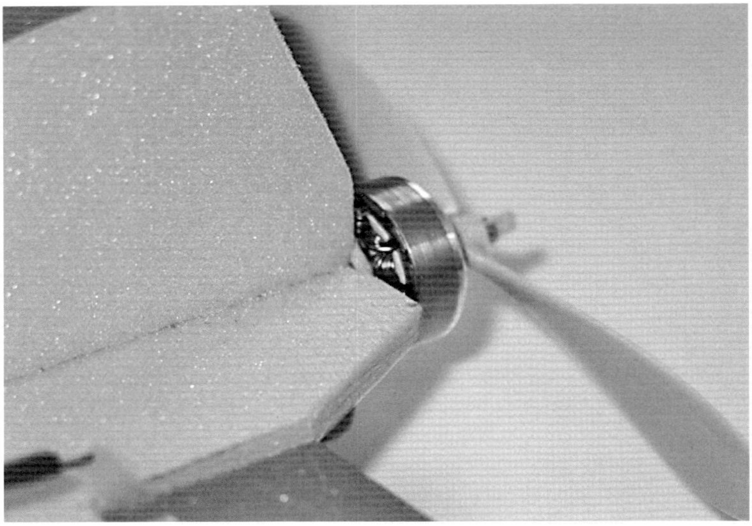

Dieser kleine Außenläufer mit 19 mm Statordurchmesser und 20 g Gewicht produziert locker 240 g Schub und lässt das Delta raketengleich steigen. Purer Flugspaß!

Motto „Versuch macht klug" wird der Prototyp 1 erst einmal als Wurfgleiter mit angeklebten Münzen ausgewogen. Dabei gibt es die ersten Diskussionen in der Familie, denn mein Sohn möchte diesen Wurfgleiter am liebsten gleich behalten, um damit zu spielen.

Ganz richtig: Das ist ein Modell für die ganze Familie, und man könnte locker einen Kindergeburtstag oder den Familientag des Modellflugvereins mit diesen preiswerten Modellen ausstatten, denn die Materialkosten dürften 2 € pro Stück inklusive Klebstoff kaum übersteigen.

Als dieser Strauß ausgefochten und der Familienfrieden wieder hergestellt ist, beginnt das Kramen in der Restekiste. Aus der letzten Indoor-Saison sind noch übrig: 4,4-g-Servos, ein 4-Ampere-Brushless-Regler, ein 20-g-Außenläufermotor als Eigenbau, ein 6-g-Empfänger und mehrere 3-S-Packs Kokam mit 360 mAh. Zusammen wiegt das ca. 80 g und gemeinsam mit dem Rohbau liegen 120 Gramm auf der Digitalwaage. Da lacht das Herz, denn der Motor bringt so locker 240 g Schub bei 6 Ampere Strom, und das bedeutet Flugspaß pur!

Der Motor wird also im Heck befestigt und der Akku kommt in die Mitte des Modells, davor die Servos und davor dann noch der Empfänger, der damit einige Distanz zum Antrieb hat. Die Anlenkung der Ruder geschieht mit Kohlestäben, leider sichtbar auf der Oberseite des Flügels, aber so reißen die Anlenkungen bei einer Landung im Gras sicher nicht ab. Allerdings stört der Kabelverhau unter dem Flügel doch etwas das Auge und es bleibt die Angst, dass einmal feuchtes Gras in den Empfänger kommt. Abhilfe schaffen zwei Winkelleisten aus Depron, die in Form eines Lufteinlasses rechts und links an den Silhouettenrumpf geklebt werden. So macht das schon einen guten Eindruck und der vorher ermittelte Schwerpunkt passt auch beinahe.

Am Samstag darauf ist die Situation für den Erstflug günstig, das MK 1 muss einfach in die Luft. Das Getreide am Flugplatzrand ist gerade mal 30 cm hoch und bildet so für einen Flugversuch den passenden weichen Untergrund, und das ist auch gut so, denn statt geradeaus zu fliegen macht das Delta nur einen kurzen Überschlag nach hinten und liegt im Getreide. Passiert ist nichts, aber es ist klar, dass der Schwerpunkt deutlich zu weit hinten liegt. Zwei Schrauber-Bits wiegen 10 g und werden für den zweiten Versuch mit Tesa an der Nase befestigt. „Schon besser, aber nicht flugfähig!", so lautet das ernüchternde Resultat, also wandern noch einmal 10 g Blei in die Nase.

Jetzt liegt der Schwerpunkt ca. 25 mm vor dem ersten Versuch und das Modell fliegt. Mit „Halbgas" gestartet, geht es flott auf Sicherheitshöhe, wo erst einmal getrimmt wird. Nach den Trimmrunden wird der Stromknüppel dann zum ersten Mal ganz nach vorn geschoben – und den Zuschauern bleibt der Mund offen stehen. Der „Günniprop" ist ganz sicher kein Schubwunder, aber hier geht die Post richtig ab. Locker steigt das Modell senkrecht auf dem Propellerstrahl endlos nach oben. Nicht gerade so, nein richtig schnell geht es in den blauen Himmel. Drei Sekunden Vollstrom und das Delta wird klein. Also drosseln und nach einem Abschwung wieder zurück gen Mutter Erde.

Mit dieser Power sind riesige Loopings keine Frage, und die Rollrate liegt bei „unzählbar". Langsame Rollen gehen auch, aber die schnellen sind schon bei halbem Ausschlag kaum noch zu verfolgen. Die langsame Gangart beherrscht das Modell ebenso gut, und die Landung ist keine Frage.

Zwei weitere Flüge an diesem Nachmittag müssen reichen, dann geht es erst einmal in den Hangar, denn 20 g Blei in der Nase sind doch kein Zustand. Erst einmal werden die Abdeckleisten weggeschnitten und dann muss das Reglerkabel verlängert werden, denn der Akku kommt nun vor den Empfänger. Abschließend werden neue, längere Winkelleisten geschnitten und angeklebt.

Sonntags findet dann bei Windstille der zweite Jungfernflug statt, wobei das Modell jetzt um 20 g, also rund 15 %, leichter ist. Das macht sich bemerkbar, denn das MK 1 hat nun einen noch stärkeren Aufwärtsdrang. Am meisten Spaß macht es, das Modell mit etwas mehr als „Standgas" auf der Stelle zu halten – „hungern" zu lassen – und dabei den Anstellwinkel immer mehr zu erhöhen, bis das Modell, mit „Viertelgas", fast senkrecht, aber ohne nennenswerte Vorwärtsgeschwindigkeit in der Luft steht. Alle rechnen nun mit einem Strömungsabriss, aber dank der Deltakonfiguration verträgt das Modell das ganz gut. Stattdessen gibt der Pilot volle Pulle und das Modell schießt förmlich senkrecht in den Himmel. Gegen dieses Demonstration purer Kraft verblassen alle anderen Flugfiguren. Wer es nicht gesehen hat, glaubt es kaum.

Es sei allerdings nicht verschwiegen, dass solch ein kleines Delta kein Anfängermodell ist. Flugerfahrung und ein gutes Auge sind unabdingbar, denn bei voller Geschwindigkeit geht es doch ganz schön zur Sache. Trotzdem muss der dicke Flügel einen hohen Widerstand haben, weil der senkrechte Abstieg ohne Motor fast so lange dauert wie der senkrechte

Flugaufnahmen sind gar nicht so einfach, denn der kleine Floh ist ganz schön flott unterwegs. Aber im Landeanflug gelingt es dann schon einmal.

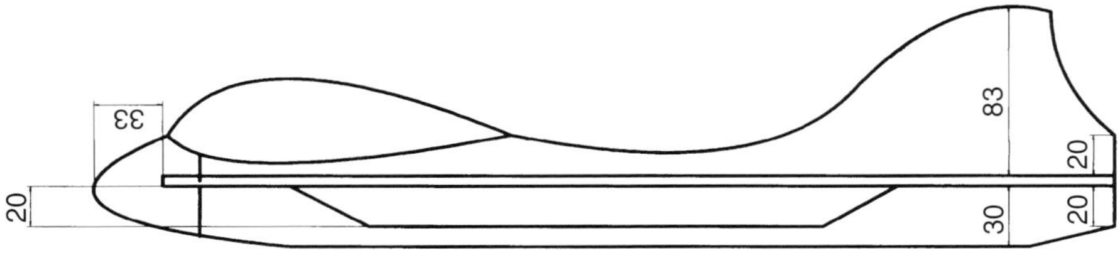

Alle Maße in der Seitenansicht sind ca. Maße.
Die Formen sind als Anregung gedacht.

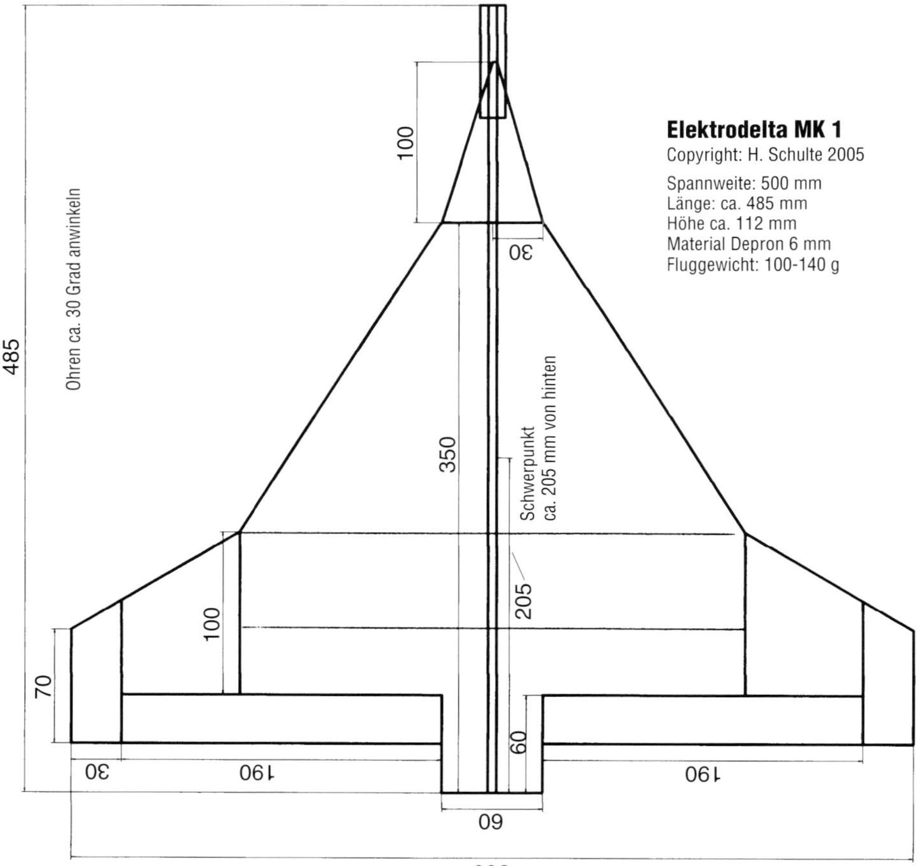

Elektrodelta MK 1

Copyright: H. Schulte 2005

Spannweite: 500 mm
Länge: ca. 485 mm
Höhe ca. 112 mm
Material Depron 6 mm
Fluggewicht: 100-140 g

Steigflug. Das macht freilich nichts; so baut das Modell bei der Landung im Segelflug deutlich Fahrt ab und kann auch auf kleinen Flächen gelandet werden. Am besten zieht man vor dem Aufsetzen noch einmal kurz das Höhenruder voll durch. Dann bäumt sich das MK 1 auf und plumpst ins Gras.

Lesen Sie aus diesen Zeilen die Begeisterung des Autors heraus? Na ja, ich war eben gerade noch einmal mit dem MK 1 fliegen, und das hinterlässt beim Schreiben natürlich Spuren.

Es behauptet übrigens niemand, dass die gezeichnete Form die absolut beste ist. Das Konzept mit dem unprofilierten Deltaflügel und dem leichten Brushless-Antrieb lässt jede Menge Raum für Fantasie und Experimente. Die Zeichnung hat nur einen Vorteil: Sie enthält eine Angabe zum Schwerpunkt. Bei Eigenentwicklungen, zu denen ich an dieser Stelle die Leser ausdrücklich ermutigen möchte, muss man selbst experimentieren. Dazu noch ein kleiner Tipp! Schätzen Sie vorab schon einmal das Gewicht der Einbauten und machen Sie Experimente mit dem korrekten Fluggewicht.

Und noch ein Tipp, falls Sie Kinder haben: Bauen sie noch ein paar Wurfgleiter! Das kostet nicht viel und hebt die Stimmung ungemein, wenn Vater und Sohn oder die Tochter das gleiche Modell fliegen.

Technische Daten

Spannweite	480 mm
Rumpflänge	485 mm
Flächeninhalt	8,7 dm^2
Gewicht	120 g
Flächenbelastung	13,8 g/dm^2
Motor	Eigenbau
Propeller	Günni
Akku	3 × Kokam 360

Der Kofferhoffer

Ganz ruhig, dies bleibt ein Fachbuch über Flugmodelle, versprochen! Aber irgendwie hat die Geschichte mit den kleinen Deltas doch Lust auf mehr gemacht. 6-mm-Depron ist so stabil, dass man bei den leichten Modellen auf Verstärkungen verzichten kann. Und in Kombination mit einem leichten Außenläufer und mit LiPos gibt es Kraft im Überschuss, so dass das Modell auch kein aerodynamisches Meisterwerk sein muss.

Da war nämlich noch der alte Traum, ein einfaches Modell zusammen mit allem, was man so braucht, in einem Aktenkoffer mit in Urlaub nehmen zu können. Also nehmen wir Maß und finden heraus, dass der Koffer innen ca. 40 cm Länge und 30 cm Spannweite aufnehmen könnte.

Geteilte Flächen sind eine Alternative, aber warum nicht ein Modell bauen, das genauso groß ist wie der Koffer und dessen Seitenleitwerk geklappt wird, damit es so wenig Raum wie möglich braucht?

Also wird von einer 380 mm × 300 mm großen Depronplatte ein 80 mm breiter Streifen abgeschnitten, der dann wieder geteilt wird. Das sind die Ruder. Die Tragfläche bekommt jetzt einen Ausschnitt für die Einbauten und unter die Fläche kommt ein selbst gemachtes U-Profil mit 20 mm × 40 mm Kantenlänge und einer Länge von 200 mm. Dieser Rumpf nimmt nun alle Einbauteile und die Kabel auf. Lediglich die Anlenkungen sind noch von außen zu sehen.

Als Motor kommt ein ca. 20 g schwerer Microtex 20/5/14 mit einem 6×3,5-GWS-Propeller in die Rumpfnase. Gleich dahinter befinden sich der zweizellige Kokam-360-Akku und der YGE-10-Ampere-Regler. Zwei Servos der 6-g-Klasse und ein Simprop-Indoor-2000-Empfänger vervollständigen das Modell.

Das Seitenleitwerk hat wirklich zwei Scharniere bekommen. Und der Faden, der das Leitwerk fixiert, ist nur auf einer Seite und im Seitenleitwerk angeklebt. Auf der anderen Seite wird er mit einer Schlaufe an eine

Diese Flugaufnahme von der Unterseite zeigt den langen Anlagenkasten mit den außen liegenden Servos und die großen Ruder.

Schraube angehängt bzw. dort ausgehängt, wenn das Leitwerk eingeklappt wird.

115 Gramm liegen nach der einstündigen Bauphase auf der Waage und der Motor zieht doch heftig nach oben, obwohl der Propeller schon eine Nummer kleiner als gewohnt ist. Der Schwerpunkt wird durch Verschieben des Akkus bei ca. 25 % der Flächentiefe, also 90 mm hinter der Nasenleiste, eingestellt; die Ruder werden vor dem Erstflug noch um 1–2 mm hochgestellt.

Der Start erfolgt lässig mit „Halbgas" und das kleine Motörchen zieht das Brett munter mit 20 Grad Anstellung durch die Luft. Bei mehr Strom steigt unser Brettchen locker in die Höhe. Also wird erst einmal etwas auf Tiefe getrimmt und die Nase geht runter. Dafür wächst nun die Geschwindigkeit, oder

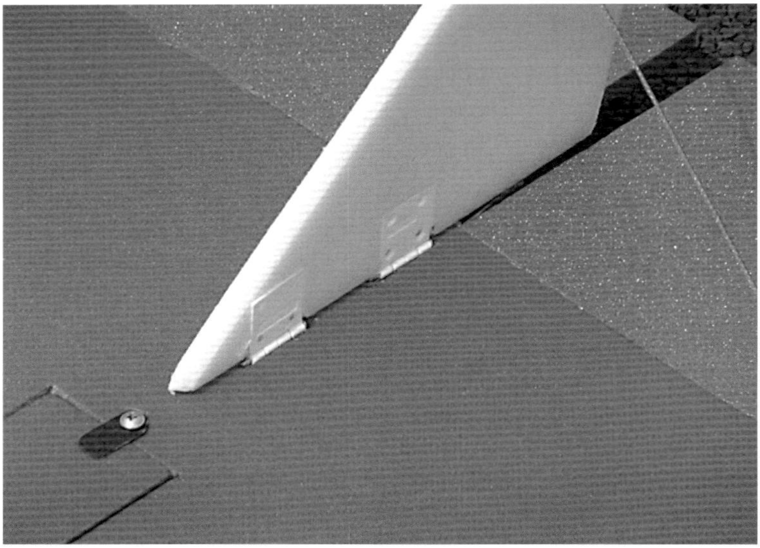

Ein kleiner Gag! Das scharnierte Seitenruder garantiert ein extrem flaches Packmaß des Modells. Damit passt es wirklich in jeden Koffer.

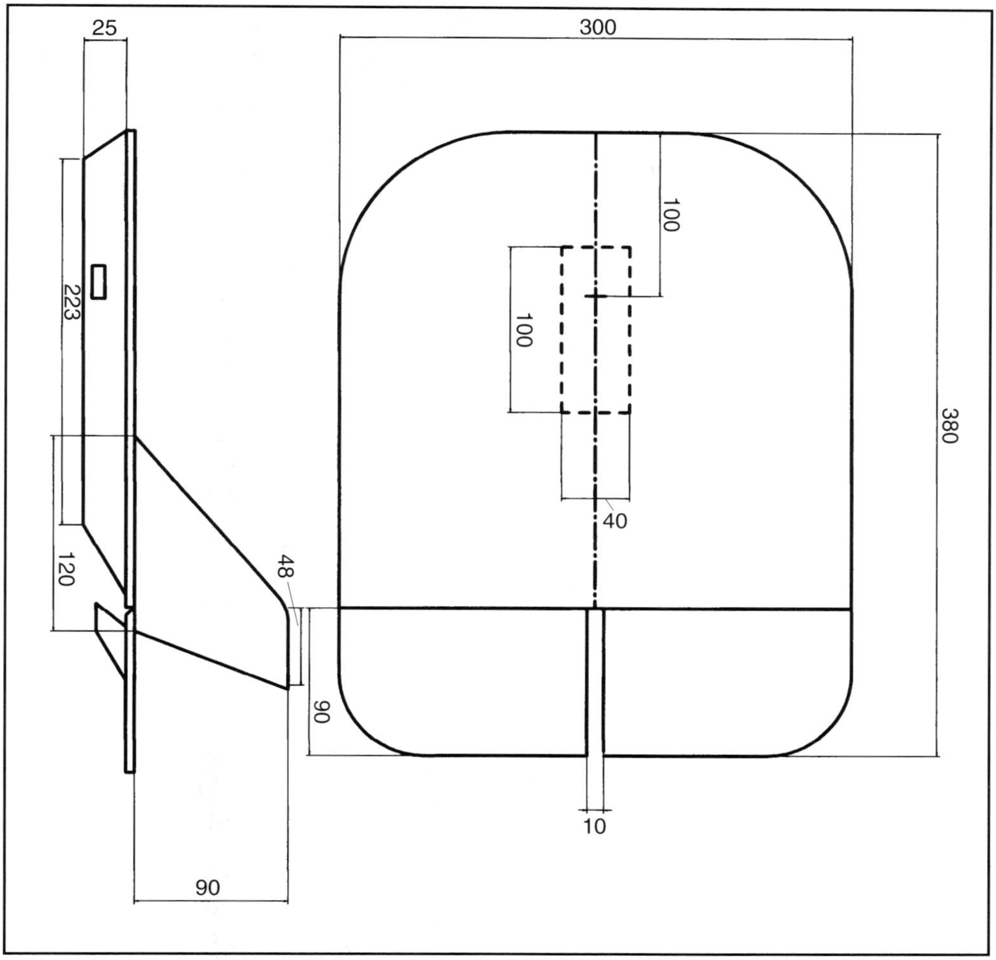

man kann einfach mit weniger Strom fliegen. Loopings, Rollen und Abschwünge lassen sich in der Turnhalle locker fliegen und in einer Dreifachhalle ist reichlich Platz zum Cruisen und Drehen. Wegen des Frontantriebs ist das Geräusch sehr angenehm, aber bei „Vollgas“ wird die Halle schon klein. Da wird das Schätzchen fast zum Pylonrenner.

Nun, ohne „Vollgas“ macht‘s auch keinen Spaß und deshalb geht es das nächste Mal draußen zur Sache. Windstille ist mir ja willkommen, aber darauf zu warten ist nicht mein Ding, daher wird das Frühstücksbrettchen (FSB) auch gleich bei mittlerem Wind in die Luft geworfen. Der Motor zieht es schon bei „Halbgas“ aus der Hand und schnell sind 5 m Sicherheitshöhe gewonnen. Danach gibt es dann kein Halten mehr. Rollen, Loopings, senkrechte Steigflüge und ebenso senkrechte Abstiege kommen in schneller Abfolge und ganz mühelos. Wenn es knapp wird, richtet es der Motor schon und zieht das Modell nach oben.

Deutlich mehr Schub als Gewicht macht eben doch Spaß und draußen ist es auch egal, ob das Modell etwas mehr Gewicht hat. Der zweizellige LiPo-Akku mit 1.000 mAh wiegt 30 g mehr, entwickelt jedoch durch seine

Spannungslage so viel Schub, dass das Mehrgewicht im Steigflug kaum auffällt. Mit den eingestellten Ruderausschlägen, die sicher an der oberen Grenze liegen, kommen die Rollen im Halbsekundentakt und der Looping hat noch 2–3 m Durchmesser.

Technische Daten

Spannweite	300 mm
Länge	380 mm
Tragflächeninhalt	11,4 dm^2
Gewicht	115–150 g
Flächenbelastung	10–13,2 g/dm^2
Motor	Microtex 20/5/14
Luftschraube	GWS, 6 × 3,5
Akku	2 × Kokam 360 oder 910
Ruderausschläge	Höhenruder + 26/– 20 mm Querruder + 38/– 30 mm

Auch dieses Experiment ist also gelungen und zeigt deutlich, dass die Kombination Depron, Brushless und LiPo jede Menge Potenzial hat, wobei ich mir sicher bin, dass das Modell auch mit einem Speed 280 in der Nase recht gut flöge, wenn auch nicht mit ganz so viel Power.

Im Gegensatz zum Delta ist das Frühstücksbrettchen längst nicht so schnell, dafür eignet es sich auf Grund seines Zugantriebs und der großen Ruder mehr zum Herumtoben auf engstem Raum als für großräumiges Fliegen. Mittlerweile startet das Modell direkt von der Heckklappe eines Smart, in dessen Kofferraum es sich fast verliert.

Wichtiger aber ist die Erkenntnis, dass man aus 6-mm-Depron mit einem ordentlichen Antrieb fast jede Form zum Fliegen bringt. Dreiecke, Rechtecke, Quadrate oder Kreise, alles geht, denn die Modelle bleiben dank Depron, Bürstenlos und LiPo leicht genug für den Flug. Ist erst einmal der passende Schwerpunkt gefunden, steht dem Flugspaß nichts mehr im Wege. Und wenn es einmal nicht so klappt, dann ist der materielle Schaden nicht groß, und es steckt ja auch nicht allzu viel Zeit in dem Modell. Allerdings sei nicht verschwiegen, dass sich die beiden genannten Modelle mehr für den fortgeschrittenen Piloten mit Querrudererfahrung eignen; besonders beim Delta sollte man auch ein gutes Auge haben.

Das Kunstflugmodell Caro

Mit der Shockflyer-Serie hat Ikarus im Herbst 2003 die komplette Indoorflug-Szene durchgewirbelt. Nie zuvor hat jemand mit einem so einfachen Modell so viel Furore gemacht. Die Modelle waren einfach, robust und trotzdem durchdacht und konnten mit vielen kleinen Details überzeugen. Da wundert es niemanden, wenn schnell andere Hersteller auf den Zug aufgesprungen sind und ähnliche 3-D-Kunstflugmodelle in Silhouettenbauwei-

Sohn Felix wird im kommenden Winter in der Turnhalle sicher noch viel Spaß mit der Caro haben.

Man kann die Caro auch mit „normalen" Anstellwinkeln fliegen. Damit ist sie der Umstieg vom Trainings- zum Kunstflugmodell.

se auf den Markt geworfen haben. Dazu kommen dann noch tausende von Eigenbauten und Shocky-Imitaten, die als Baupläne auf Treffen und bei Flugtagen aufgetaucht sind.

Braucht die Welt also noch einen weiteren Bauplan eines Shockys? Nein, die Welt sicher nicht, dieses Buch schon eher, und der Autor auch, denn seine Ikarus Superstar war nach zwei Hallensaisons einfach durch!

Also bauen wir doch gemeinsam eine Caro, anstatt am Samstagabend „Wetten dass ...?" im Fernsehen anzusehen. In diesem Kapitel soll es dann aber auch nicht unbedingt um das konkrete Modell gehen. Vielmehr soll am Beispiel der Caro die Methodik gezeigt werden, wie man ein 3-D-Kunstflugmodell mit Kreuzrumpf einfach, stabil und verzugsfrei aufbaut.

Im Grunde liegen die Maße fest: ca. 80 cm Spannweite und genauso viel Länge; Flächeninhalt ca. 16 dm², Flächenbauweise: 3-mm-Depronplatte mit Nasenleiste aus 3×0,5-mm-Carbonprofil und Abstrebungen aus 1,2-mm-Carbon-Rundmaterial; dazu noch reichlich Rumpfseitenfläche und ein großes Seitenruder für den Messerflug, wie überhaupt sämtliche Ruder riesig sind und einen gewaltigen Ausschlag haben, um das Fliegen der unmöglichsten Figuren zu gestatten. Die Form sollte aber auch gefällig sein, obwohl da der Geschmack endgültig im Auge des Betrachters liegt.

Beginnen wir mit der Tragfläche aus rotem 3-mm-Depron. Satte 225 mm Flügeltiefe am Rumpf und 150 mm außen sorgen für eine niedrige Flächenbelastung, und 100 mm Querrudertiefe innen sowie 75 mm außen sollten für genügend Rollwendigkeit bei geringen Geschwindigkeiten sorgen. Die Vorderkante ist in einem großen Radius geschwungen, damit die Nasenleiste aus 3×0,5-mm-Carbonprofil nachher gut anzukleben ist. Die Querruder haben keine separaten Scharniere, sondern sind mit Elasticflaps angeschlagen. Das spart ca. 5 g Tesafilm. Dazu kommt eine relativ lange Rumpfnase, und auch der Heckausleger ist so lang, dass der Rumpf insgesamt die Länge der Spannweite erreicht. Das hat sich als Faustformel bewährt, um einen akzeptablen Kompromiss zwischen sauberem Kunstflug und 3-D-Flug zu erzielen. Dadurch kann das Höhenleitwerk recht klein ausfallen, aber auch hier haben wir mehr als 50 % Ruderanteil am Leitwerk.

Die gesamte Draufsicht des Modells wird erst einmal komplett, mit den Elasticflaps, ausgeschnitten und zusammengeklebt. Es folgt nun die untere Rumpfhälfte, die in ihrer

Power satt im 165-g-Modell? Das ist heute alles kein Problem mehr. Die Kunstflugmodelle in Silhouettenbauweise haben im Modellbau ganz neue Möglichkeiten eröffnet.

Form nicht wirklich entscheidend ist, denn sie hat kaum einen Einfluss auf die Flugeigenschaften des Modells. Wer mag, kann sie mit der Draufsicht verzapfen, aber es reicht auch, den Rumpf stumpf aufzusetzen. Alle Klebungen werden übrigens am besten mit Uhu-Por gemacht, das vor dem Verkleben ablüften kann. Diese Verbindungen bleiben immer etwas elastisch und brechen nicht gleich beim ersten härteren Aufschlagen. An Stelle eines Hecksporns hat die Rumpfunterseite im Bereich des Seitenleitwerks übrigens einen kleinen Bürzel als Sporn angeformt. Er sorgt dafür, dass das Seitenruder keine Bodenberührung hat und das Servo entsprechend geschont wird.

Nach dem Aufkleben des unteren Rumpfs auf die Draufsicht haben wir noch immer ein sehr labiles Gebilde, das sich im Flug sowohl im Bereich der Fläche als auch im Heckträger elend verwinden würde. Deshalb stabilisieren wir den Heckausleger mit Diagonalaussteifungen aus 30 mm breiten Depronstreifen, deren Kanten um 45 Grad schräg angeschnitten sind. Dazu fixieren wir den Rumpf auf einer Seite so, dass er senkrecht steht, und kleben auf der anderen Seite eine Diagonalstrebe an, die den rechten Winkel zwischen Rumpf und Draufsicht fixiert. Wer es leicht möchte, belässt es bei einer Strebe und spart ca. 3–4 g, ansonsten klebt man, wie beim Prototypen, eine zweite Strebe dagegen.

Wichtig ist, dass die Diagonalstreben immer von der Fläche bis zum Leitwerk gehen, damit es in diesem Bereich keine Schwachstellen gibt!

Die Fläche bekommt jetzt noch Abstrebungen aus einem 1,5-mm-Kohlestab. Einen 1 m langen Stab teilen wir in vier Stück à 25 cm, die alle an einem Punkt im Rumpf, der entsprechend verstärkt wurde, angesetzt werden. Von dort gehen die Flächenstreben jeweils nach außen zu den Nasenleisten und kurz vor den Scharnierbereich. Es hat sich bewährt, die Streben mit Uhu-Por in das Flächenmaterial einzustechen. So haben wir eine maximale Klebefläche. Sekundenkleber und Aktivator wären wieder schneller, aber dafür haben starre Verbindungen den Nachteil, dass sie aufbrechen können, während die Verbindung mit Uhu-Por etwas nachgeben kann. Natürlich wird beim Anbringen der Streben auch immer wieder die Rechtwinkligkeit des Rumpfs kontrolliert.

Bei all diesen Arbeiten bleibt der Rumpf mit der Oberseite auf dem Baubrett liegen, um sicherzustellen, dass sich nichts verzieht. Das ist das A und O dieses Bauabschnitts. In diesem Arbeitsgang kann man auch schon die diagonalen Fahrwerksstreben, beim Prototypen aus 2-mm-Kohlestäben, ca. 140 mm lang, anbringen. Sie beginnen in der Draufsicht direkt am Flächenholm und kreuzen sich in der Mitte des Rumpfs an einer verstärkten Stelle. Nun sollte der Kleber erst einmal in Ruhe durchtrocknen. Zwei Stunden sind da das Minimum, es darf gern auch eine ganze Nacht sein, bevor wir das Gebilde wieder vom Tisch nehmen.

Die Form der Rumpfoberseite ist wiederum nicht wirklich entscheidend, solange die Rumpfhälften ungefähr gleich groß sind und, so oder so, reichlich Fläche haben, denn das hilft später beim Messerflug, der ja auch zum Repertoire des Modells gehören soll. Im Prinzip ist es dem Modellbauer aber freigestellt, ob er sein Kunstflugmodell nun an bestehende Vorbilder anlehnt oder eine Fantasieform wählt. Offen gestanden, die erste Form des Rumpfs hat mir nicht ganz gefallen. Deshalb ist das Messer noch einmal zum Einsatz gekommen. Um diese Möglichkeit aber zu haben, sollte man die erste Form vielleicht etwas reichlich bemessen, denn hier gilt das Motto aller Friseure: „Abschneiden geht, dranschneiden geht nicht!"

Zur Seitenfläche gehört schließlich auch noch das Seitenleitwerk und insbesondere das Seitenruder, das bei einem Indoor-Kunstflugmodell auf keinen Fall zu klein ausfallen sollte, denn es ist in der Halle mindestens so wichtig wie das Höhen- und das Seitenruder. Rund oder eckig spielt aber auch hier keine Rolle. Was gefällt, ist auch erlaubt, allerdings sollte man darauf achten, dass wir ausreichend Seitenruderfläche unter dem Höhenleitwerk behalten. Ansonsten versteht es sich wohl von selbst, dass der Rumpf oben wie unten in einer geraden Linie auf der Draufsicht sitzt. Mit einem wellenförmigen Rumpf kann kein Modell geradeaus fliegen.

Mit dem Aufkleben des oberen Rumpfs auf den Rest des Modells ist der Bau der Caro in groben Zügen abgeschlossen und wir können uns zum ersten Mal zur Waage begeben. 50 g für die Depronteile mit den Fahrwerksstreben und der CFK-Nasenleiste sind okay, auch wenn das für ein ganz leichtes Modell um ca. 5–7 g zu schwer ist. Schuld daran sind womöglich die Aufdoppelungen im Bereich des späteren Motorspants und die beiden breiten Diagonalstreben.

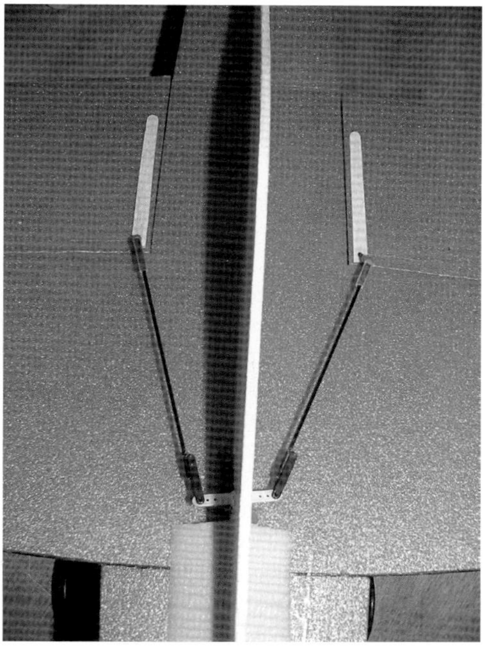

Das Querruderservo sitzt genau in der Rumpfmitte und die Anlenkungen verlaufen möglichst gerade, um einen maximalen Ausschlag zu gestatten. Gut zu sehen: die Verstärkungen der Querruder in Form von Kaffeerührstäbchen.

Weiter geht es mit dem Fahrwerk. An die CFK-Stäbe werden Achshalter von STO mit Sekundenkleber angeklebt. Die Räder aus gleichem Hause sind relativ groß und schwer, aber auch stabil genug für den Outdoor-Einsatz, für den dieser Prototyp in erster Linie bestimmt ist. Zusammen mit dem Motorspant von STO kommen wir schließlich für das fertige Modell mit Fahrwerk auf 60 g. Das sind ca. 15 g Übergewicht, aber auch ca. 15–20 g weniger als bei meinem Original-Shockflyer, der jetzt, nach langem und aufopferungsvollem Dienst, sein erprobtes Innenleben für die Caro spenden muss. Das sind drei Servos der 5,6-g-Klasse, ein GWS-4-Kanal-Mini-Empfänger und ein bürstenloser Eigenbau-Außenläufer mit 24 mm Statordurchmesser und ca. 25 g Gewicht. Dazu kommen noch ein neuer YGE-12-Drehzahlsteller und zwei Zellen Kokam 360.

Beginnen wir mit den Servos. Für das Querruderservo wird ein Loch in die Fläche und in den Rumpf geschnitten, denn es sitzt genau in der Mitte dieser Teile, und zwar relativ weit vorn, damit die Anlenkungen zu den Querrudern so geradlinig wie möglich verlaufen. Je weiter das Servo nach hinten rückt, desto mehr Probleme gibt es nachher mit dem Querruderausschlag, und auf die wollen wir doch eher verzichten. Die Gabelköpfe stammen aus dem Shocky, als Ruderhörner dienen 12 mm lange CFK-Rundstäbe und auf jeder Seite eine Hälfte eines „Kaffeeumrührstabs". Diese Verstärkung sorgt dafür, dass die Ruderausschläge auch sicher bis zum Ende des Ruders übertragen werden. Die Schubstange stammt ebenfalls aus dem geschlachteten Shockflyer und wird mit Hilfe eines Schrumpfschlauchs mit dem Ruderhorn verbunden. Das Ganze wird so leicht wie leichtgängig und zugleich spielfrei.

Die Servos für Höhen- und Seitenruder sitzen links und rechts in den Diagonalstreben, die dafür gerade genug Platz haben. So versteckt man die Servokabel noch am besten; meiner Ansicht nach entstellt „Kabelsalat" einen Kreuzrumpfflieger sehr und sollte daher vermieden werden. Die Verbindung zu den Rudern geschieht mit zwei GFK-1,5-mm-Stäben, die in den Original-Ikarus-Ruderhörnern sitzen. Da hat sich Ikarus wirklich etwas Gutes einfallen lassen, denn sie werden nur ins Depron geklemmt und können wiederverwendet werden. Das muss man auch, denn sie sind leider recht teuer. Die fast 40 cm langen Schubstangen sind allerdings ohne Abstützung in der Mitte nicht verwendbar. Deshalb laufen Sie auch in der Mitte durch ein kurzes Stück 3-mm-Kunststoffrohr.

Hier hätte man mit Seilanlenkungen sicher 3–5 g sparen können, aber dafür muss man dann die Servos auch in den Drehachsen platzieren, und die Montage der Seilanlenkungen an sich ist auch nicht ganz einfach. Das lohnt sich also nur, wenn man wirklich um das letzte Gramm kämpfen möchte. Dann muss es aber auch sein.

Der kleine GWS-Empfänger wird mit einem Tropfen Heißkleber unter dem Flügel fixiert. Der Regler bekommt ebenfalls etwas Heißkleber und sitzt nun im vorderen Bereich an der Rumpfkontur.

Der vordere Rumpfteil, das hat die Praxis oft genug gezeigt, ist der bruchempfindlichste Teil eines Flugmodells. Das gilt ganz allgemein, aber das gilt auch ganz besonders für ein Indoor-Kunstflugmodell. Bei der Caro gibt es deshalb auf der Modelloberseite zwei Diagonalstreben, die bis in den Flügelbereich, also bis direkt an das Querruderservo reichen. Es wäre ein Fehler, sie an der Nasenleiste enden zu lassen, denn so würde man eine Sollbruchstelle schaffen. Zusätzlich sind die ersten fünf Zentimeter des Rumpfs beidseitig mit Depron aufgedoppelt, nur so erhält man eine stabile Verbindung des Motors mit dem Modell.

Bei der Caro hat der Autor das erste Mal einen einstellbaren Motorspant von STO benutzt, in dessen Innenteil das 24 g leichte Kraftpaket eingeklebt wurde. Dieser Motorspant besteht aus einem Außenring, der schon vier spezielle Laschen hat, die in das Depron geklebt werden. Das Innenteil wird dann mit drei Schrauben am Außenring angeschraubt und erlaubt so eine nachträgliche Verstellung von Motorsturz und Seitenzug. Das ist genial gemacht und wirklich für die Praxis konstruiert. Der Motorspant eignet sich so aber nicht nur für Kreuzrümpfe, man kann ihn ebenso gut für Rechteckrümpfe oder auch bei den beliebten EPP-Modellen einsetzen. Andererseits wiegt der Spant mit Schrauben ca. 4 g, und das sind für die Gewichtsfetischisten natürlich 4 g zuviel. Sie kleben den Motor lieber direkt in das Rumpfkreuz und hoffen, dass die Motoreinstellwerte schon passen. „Jedem Tierchen sein Plaisierchen!", sagt der Volksmund dazu. Der Akku findet zu guter Letzt seinen Platz in einer kleinen Schrumpfschlauchtasche unter dem Flügel, damit der Schwerpunkt zum 3-D-

Fliegen auch weit genug nach hinten kommt. Der abschließende Gang zur Waage offenbart Erwartetes. 160 g Fluggewicht sind ein „Naja-Wert“. Immerhin 20 g leichter als die Super Star, aber die Profis schaffen ein ähnlich großes Modell auch mit knapp über 110 g. Wie? Rechnen wir einmal!

Dünneres Kohleprofil	2 g
Nur eine gelochte Diagonalstrebe	5 g
Dünnere CFK Fahrwerke	1 g
Keine Achshalter, keine Räder	
Nur EPP-Imitationen	5 g
Kein Motorspant	4 g
Einsparungen an der Zelle	ca. 17 g
Leichterer Motor	10 g
Empfänger ohne Gehäuse	2 g
Drei abgespeckte 4-g-Servos	7 g
Lackdraht statt Servokabel und Stecker	6 g
Kein Akkuhalter	2 g
Seilanlenkung statt Schubstangen	4 g
Einsparungen an der Ausrüstung	ca. 31 g
Summe der Einsparungen	ca. 48 g

Sie sehen, es geht noch leichter, aber mit heftigem Aufwand, und ich persönlich liebe es nicht, an den Servokabeln herumzulöten, um sie gegen empfindlichen Lackdraht auszutauschen. In der beschriebenen Weise haben wir jedenfalls ein alltagstaugliches Modell auf die Beine gestellt, ohne zu großen Aufwand zu treiben.

Der Erstflug der Caro findet in der Halle statt, weil es sich gerade so anbietet, und erwartungsgemäß gibt es keine Überraschungen. Die Kraft des Motors reicht locker, schließlich ging mit dem 180-g-Shocky auch schon alles, was der Autor kann. Die Rollwendigkeit ist durch die großen Querruder mehr als ausreichend und auch das relativ kleine Seitenruder ist so weit in Ordnung, dass sich damit ein sauberer Turn fliegen, schnell einmal das Heck herumwerfen oder ein Messerflug vornehmen lässt. Lediglich der Schwerpunkt könnte, rein nach Gefühl, noch etwas weiter nach hinten wandern. Das ist aber in der Halle nicht so einfach zu erfliegen, also müssen die richtigen Einstellflüge auf einen windstillen Tag verschoben werden.

Das ist leider das Schicksal aller Indoor-Modelle. Um Schwerpunkt, Motorsturz und Seitenzug richtig einzustellen, braucht man Höhe, und die ist in der Halle nicht gegeben. So bleibt es an diesem Abend erst einmal beim munteren Herumturnen in der Halle, und das macht mit 160 Gramm auch schon eine Menge Spaß. Es kann allerdings nicht geleugnet werden, dass ein 120-g-Modell vieles noch etwas besser kann. In der Halle merkt man wirklich jede zehn Gramm ganz deutlich.

Einige Tage später ist dann der berühmte ruhige Sommerabend, auf den man sich freut und der zum Einfliegen eines solch leichten Modells einfach ideal ist. Der Busparkplatz der Schule wird abends nicht genutzt und ist damit die geeignete Fläche, um das Modell zu testen.

Bei Windstille ist es ein reines Vergnügen, ein so leichtes Kunstflugmodell draußen zu fliegen, denn da hat man dann die Höhe, um den Motor einmal richtig jubeln zu lassen. Und siehe da, die Caro geht endlos senkrecht in den Himmel. Kein Wunder, dank LiPo-Akku und Brushless-Motor! Allerdings sollte man dem Verlangen widerstehen, das Modell nun auch wieder mit „Vollgas“ senkrecht nach unten zu stechen, denn dafür reicht die Festigkeit wahrscheinlich nicht aus. Hohe Geschwindigkeiten lieben diese Modelle einfach nicht. Die volle Motorleistung rufen wir also besser nur kurz im Aufwärtsflug ab, und da können wir dann auch den Seitenzug testen, denn das Modell sollte, egal bei welcher Stromspannung, immer gerade hochziehen. Zieht es nach links, fehlt Seitenzug, anderenfalls haben wir zu viel Seitenzug. Wenn das Modell beim waagerechten Beschleunigen nicht nach oben oder unten wegzieht, passt der Motorsturz ebenfalls. Für die endgültige Bestimmung des Schwerpunkts gibt es zwei Methoden. Erst einmal trimmen wir das Modell aus, dann bringen wir es auf ca. 50 m Höhe, drosseln den Motor auf Null

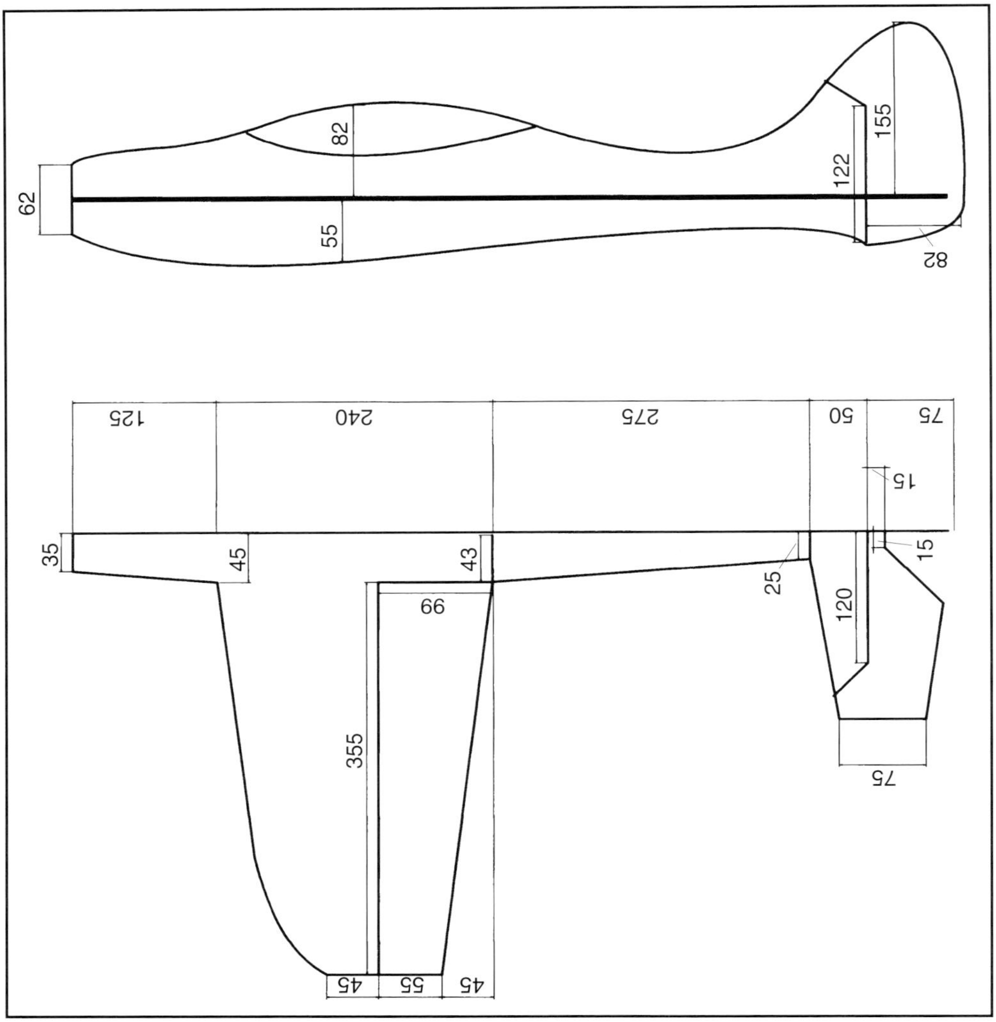

und lassen das Modell senkrecht nach unten fallen. Zieht es nun in Richtung Höhe weg, muss der Schwerpunkt noch weiter nach hinten, zieht das Modell in Richtung Tiefe weg, muss er noch weiter nach vorn. Achtung, den Abfangbogen bitte sanft einleiten, um das Modell nicht zu gefährden!

Alternativ kann man das Modell in den Rückenflug bringen. Wenn wir dann noch reichlich Tiefenruder geben müssen, um waagerecht zu fliegen, muss der Schwerpunkt weiter nach hinten. Müssen wir dagegen im Rückenflug ziehen, damit das Modell nicht wegsteigt, dann darf der Schwerpunkt noch weiter nach vorn rücken.

Bei diesen leichten Modellen reicht es meistens, eine Münze am Heck oder an der Nase anzukleben, um zu sehen, wie sich das Flugzeug mit dem neuen Schwerpunkt verhält. Passt das Flugverhalten schließlich, wird der erflogene Schwerpunkt am Modell markiert und der Akku oder eine andere Komponente so lange verschoben, bis der Schwerpunkt auch ohne Ballast an der richtigen Stelle ist.

Dieses Einfliegen sollte bei jedem Kunstflugmodell möglichst sorgfältig geschehen. Ein gut eingeflogenes Modell macht einfach mehr Spaß und ist die Grundvoraussetzung für sauberen Kunstflug.

Die Caro hat sich so bewährt, und in der Zeichnung finden Sie meinen erflogenen Schwerpunkt für dieses Modell. Die Platzierung der Komponenten ist natürlich von deren Einzelgewichten abhängig. Mit den 160 Gramm ist das Modell robust und kann draußen auch problemlos von einer Graspiste und bei leichtem Wind geflogen werden. Für die Halle ist das Gewicht an der oberen Grenze, aber wir wissen ja, wo es steckt, und dann ist es kein Problem, mit den richtigen Komponenten ein Modell im Bereich von 120–130 g zu bauen.

Noch einmal, ein Kunstflugmodell mit Kreuzrumpf zu bauen ist kein Hexenwerk, und wenn man nur die wichtigsten Grundregeln beachtet, kann man so gut wie nichts falsch machen. Ob nun 1 cm Rumpfhöhe hier oder etwas mehr oder weniger Länge oder Spannweite oder Flächentiefe etc. einen gravierenden Unterschied macht, das sei dahingestellt, und die Caro ist wahrscheinlich auch nicht das Nonplusultra. Dafür ist sie aber eine gute Grundlage, auf der man seine eigenen Ideen von Design und Aussehen realisieren kann. Mehr geht nicht, denn der Rest ist auch von Pilot zu Pilot verschieden.

Also frisch ans Werk! So schwierig ist es nicht, und mit Depron stecken auch in einem Fehlversuch nicht so arg viele Euro und Bastelstunden.

Technische Daten

Spannweite	800 mm
Länge	820 mm
Flächeninhalt	15 dm^2
Gewicht	165 g
Flächenbelastung	11 g/dm^2
Motor	Eigenbau, 25 g, bürstenlos
Akku	2 Zellen Kokam 360
Propeller	8 × 3,3
Ruderausschläge	alles was geht

Nachwort

Depronmodelle machen Spaß und das Bauen mit Depron macht manchmal noch mehr Spaß. Ich hoffe, dieses Buch konnte das vermitteln. In einer Modellbauwelt, in der die Buchstaben ARF mittlerweile dominieren, kann man so mit wenig Aufwand an Zeit und Geld immer noch eigene Ideen verwirklichen und Modellbau betreiben.

Die Ideen gehen den Modellbauern sicher nicht aus und in diesem Buch konnte auf dem zur Verfügung stehenden Raum auch nicht alles vorgestellt werden. Das Größenlimit für Depronmodelle liegt beim Autor eher aus persönlichen Gründen derzeit bei einer „Pilatus Porter“ mit 200 cm Spannweite, aber mehr ist durchaus denkbar, und es gibt auch schon eine Piper mit weit über 300 cm Spannweite.

Mit den erweiterten Möglichkeiten des Elektroflugs, dessen Limits sich durch immer leistungsfähigere LiPo-Akkus und bürstenlose Motoren im Moment enorm verschieben, tun sich auch in dieser Sparte immer wieder neue Chancen auf.

Über das große, vorbildähnliche Motorflugmodell haben wir gesprochen, im Prinzip stellt eine 2-m-Kunstflugmaschine mit konkurrenzlos niedrigem Gewicht auch kein Problem mehr dar. Die Indoor- und Parkflyer sind schon heute die Domäne der Depronflugmodelle. Hier gibt es in Sachen Gewicht und Größe nach unten scheinbar keine Grenzen mehr. Die Seglerpiloten sehen Depron sicher eher kritisch, denn die Profiltreue und die Oberflächengüte eines Voll-GFK-Modells scheinen unerreichbar. Andererseits, ein echter Softliner braucht durchaus eine raue Flügeloberfläche, und ein Profil ähnlich einem Eppler 205 oder Clark Y lässt sich locker aus Depron bauen. So ein Wiesenschleicher mit 150 oder 200 cm Spannweite ist also einfach zu bauen und sollte auch noch gut fliegen können.

Apropos Oberfläche: Dass sie rau ist, kann ein Vorteil sein, aber manchmal stört das auch, genauso wie die Tatsache, dass sie einigermaßen stoßempfindlich ist. Gerade bei einem Modell wie der Lightning tut jede Macke weh. Hier muss man sicher noch weiter mit Klebefolien experimentieren, wie es bei der Graupner Cherokee der Fall ist. Schade, dass das im Moment fast nur mit professionellen Mitteln geht. Aber Bastler sind ja erfinderisch, und ich bin mir sicher, es dauert nicht mehr lange, bis wir mehr davon sehen.

Wie gesagt, das Material Depron in all seinen Möglichkeiten ist noch lange nicht ausgeschöpft und wird den Flugmodellbau weiter spannend machen.

Können wir also sagen: „Depron forever“? Ja, schon, weil Depron eben so einfach und preiswert ist. Trotzdem freue ich mich schon auf das nächste Modell aus Holz und Folie, denn das ist auch Modellbau und macht ebenfalls riesig Spaß. Der Bau dauert sicher länger, aber man hat auch länger etwas davon. So sollte Depron eben nur eines der vielen Materialien sein, mit denen wir im Flugmodellbau arbeiten, und jedes dieser Materialien hat seine Berechtigung. Und das ist auch gut so.

So, lieber Leser, jetzt habe ich Ihre Aufmerksamkeit lange genug in Anspruch genommen und komme zum Ende. Seit dem Vorwort sind bei mir rund 18 Monate ins Land gegangen, bei Ihnen sicher weniger Zeit, sonst wäre dieses Buch doch recht mühsam zu lesen. Ich hoffe, dass es Sie aber noch längere Zeit im Bastelraum begleitet: beim Bau eigener Depronmodelle, entweder nach den Zeichnungen hier im Buch oder bei der Umsetzung eigener Ideen und Vorstellungen, was mich noch mehr freuen würde.

Aber dieses Buch ist nicht nur mein Werk, viele andere haben mich tatkräftig unterstützt. Da sind einmal die Modellfliegerkameraden, die mich immer wieder mit Experimenten und konstruktiver Kritik, mit neuen Ideen und Modellen begleiteten. Daneben haben sie häufig bei den Flugfotos als Fotografen oder Piloten einen wichtigen Beitrag geleistet, denn fotografieren und gleichzeitig fliegen kann ich immer noch nicht.

Ebenso haben mir meine Frau und meine Kinder hilfreich zu Seite gestanden. Außerdem haben sie die Abwesenheit des Ehemanns oder Vaters im Bastelkeller und im Büro geduldig ertragen. Meinem Sohn Felix gebührt ein besonderer Dank, denn er hat sich immer wieder gern als Testassistent und Fotomodell zur Verfügung gestellt. Auch im Modellbau kann nicht einer allein alles schaffen, und gerade das macht den Reiz dieses Hobbys aus.

In diesem Sinne wünsche ich Ihnen viel Spaß mit Depronmodellen und Holm- und Rippenbruch!

Hinrik Schulte

Hallo lieber Leser,

foamie ist.....

- Spaß mit dem Trendmaterial „Leichtschaum“
- Tipps zum besseren Fliegen
- Tests von Modellen, Komponenten und Zubehör
- Praxistipps für Aus- und Selbstbau
- News aus Markt und Szene
- Reportagen

Die Zeitschrift foamie bekommen Sie im Fachhandel, am Kiosk, am Bahnhofsbuchhandel, im Zeitschriftenhandel und natürlich direkt bei uns:
Service-Tel.: 0 72 21 / 50 87 22 oder service@vth.de

alle 2 Monate NEU!

Mehr Infos unter: **www.vth.de**

Flugmodelle aus Depron

Leichtschaummodelle einfach selbst bauen

Die FMT-Autoren Hilmar Lange und Klaus Paradies sind bekannt für ihre wunderschönen Flugmodelle aus Depron. Wie aus diesem Werkstoff, der eigentlich zum Isolieren von Wänden gedacht ist, ganz einfach wunderschöne Flugmodelle entstehen, zeigt diese DVD ganz ausführlich.

Laufzeit: 90 Minuten
Best.Nr.: 620 1103 · Preis: 19,– €

Almost Ready to Fly

Flugmodelle fertigstellen und einfliegen

Anhand der ausgewählten Flugmodelle geben erfahrene FMT-Autoren Tipps und Ratschläge zum Bau der Modelle, Einbau von Antrieb und RC-Anlage, sowie zu Einstellarbeiten und zum Einfliegen der Modelle.

Laufzeit: 80 Minuten
Best.Nr.: 620 1105 · Preis: 19,– €

Bestellen Sie jetzt !
Verlag für Technik und Handwerk GmbH
BESTELLSERVICE
D-76532 Baden-Baden
Tel.: + 49 07221 5087 22
Fax: + 49 07221 5087 33
E-Mail: service@vth.de
Internet: www.vth.de